Imagine Infinite!

창의영재수학

아이앤아이

영재들의 수학여행

Math Travel

중급 초등 4~6학년

E 자료와 가능성 / 캐나다 서부편

KB013408

창의영재수학

아이앤아이

영재들의 수학여행

Math Travel

01 수학 여행 테마로 수학 사고력 활동을 자연스럽게 이어갈 수 있도록 하였습니다.

02 키즈 – 입문 – 초급 – 중급 – 고급으로 이어지는 단계별 창의 영재 수학 학습 시리즈입니다.

03 각 챕터마다 기초 – 심화 – 응용의 문제 배치로 쉬운 것부터 차근차근 문제해결력을 향상시킵니다.

04 각종 수학 사고력, 창의력 문제, 지능검사 문제, 대회 기출 문제 등을 체계적으로 정밀하게 다듬어 정리하였습니다.

05 과학, 음악, 미술, 영화, 스포츠 등에 관련된 융합형(STEAM) 수학 문제를 흥미롭게 다루었습니다.

06 단계적으로 창의적 문제해결력을 향상시켜 영재교육원에 도전해 보세요.

교재 구성

키즈 (6세 7세 초1)

A (수)	B (연산)	C (도형)	D (측정)	E (규칙)	F (문제해결력)	G (워크북)
수와 숫자 수 비교하기 수 규칙 수 퍼즐	가르기와 모으기 덧셈과 뺄셈 식 만들기 연산 퍼즐	평면도형 입체도형 위치와 방향 도형 퍼즐	길이와 무게 비교 넓이와 들이 비교 시계와 시간 부분과 전체	패턴 이중 패턴 관계 규칙 여러 가지 규칙	모든 경우 구하기 분류하기 표와 그래프 추론하기	수 연산 도형 측정 규칙 문제해결력

입문 (초1~3)

A (수와 연산)	B (도형)	C (측정)	D (규칙)	E (자료와 가능성)	F (문제해결력)	G (워크북)
수와 숫자 조건에 맞는 수 수의 크기 비교 합과 차 식 만들기 벌레 먹은 셈	평면도형 입체도형 모양 찾기 도형 나누기와 움직이기 쌓기나무	길이 비교 길이 재기 넓이와 들이 비교 무게 비교 시계와 달력	수 규칙 여러 가지 패턴 수 배열표 암호 새로운 연산 기호	경우의 수 리그와 토너먼트 분류하기 그림 그려 해결하기 표와 그래프	문제 만들기 주고 받기 어떤 수 구하기 재치있게 풀기 추론하기 미로와 퍼즐	수와 연산 도형 측정 규칙 자료와 가능성 문제해결력

초급 (초3~5)

A (수와 연산)	B (도형)	C (측정)	D (규칙)	E (자료와 가능성)	F (문제해결력)
수 만들기 수와 숫자의 개수 연속하는 자연수 가장 크게, 가장 작게 도형이 나타내는 수 마방진	색종이 접어 자르기 도형 붙이기 도형의 개수 쌓기나무 주사위	길이와 무게 재기 시간과 들이 재기 덮기와 넓이 도형의 둘레 원	수 패턴 도형 패턴 수 배열표 새로운 연산 기호 규칙 찾아 해결하기	가짓수 구하기 리그와 토너먼트 금액 만들기 가장 빠른 길 찾기 표와 그래프(평균)	한붓 그리기 논리 추리 성냥개비 다른 방법으로 풀기 간격 문제 배수의 활용

중급 (초4~6)

A (수와 연산)	B (도형)	C (측정)	D (규칙)	E (자료와 가능성)	F (문제해결력)
복면산 수와 숫자의 개수 연속하는 자연수 수와 식 만들기 크기가 같은 분수 여러 가지 마방진	도형 나누기 도형 붙이기 도형의 개수 기하판 정육면체	수직과 평행 다각형의 각도 접기와 각 붙여 만든 도형 단위 넓이의 활용	규칙성 찾기 도형과 연산의 규칙 규칙 찾아 개수 세기 교점과 영역 개수 수 배열의 규칙	경우의 수 비둘기집 원리 최단 거리 만들 수 있는, 없는 수 평균	논리 추리 님 게임 강 건너기 창의적으로 생각하기 효율적으로 생각하기 나머지 문제

고급 (초6~중등)

A (수와 연산)	B (도형)	C (측정)	D (규칙)	E (자료와 가능성)	F (문제해결력)
연속하는 자연수 배수 판정법 여러 가지 진법 계산식에 써넣기 조건에 맞는 수 끝수와 숫자의 개수	입체도형의 성질 쌓기나무 도형 나누기 평면도형의 활용 입체도형의 부피, 겉넓이	시계와 각도 평면도형의 활용 도형의 넓이 거리, 속력, 시간 도형의 회전 그래프 이용하기	암호 해독하기 여러 가지 규칙 여러 가지 수열 연산 기호 규칙 도형에서의 규칙	경우의 수 비둘기집 원리 입체도형에서의 경로 영역 구분하기 확률	홀수와 짝수 조건 분석하기 다른 질량 찾기 뉴튼산 작업 능률

책의 구성과 활용

단원들어가기

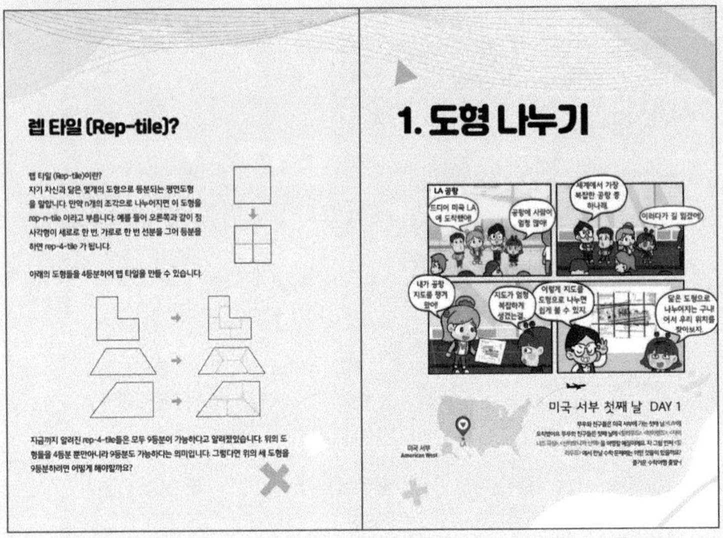

렙 타일 (Rep-tile)?

렙 타일 (Rep-tile)이란?
자기 자신과 닮은 몇개의 도형으로 등분되는 평면도형을 말합니다. 만약 n개의 조각으로 나누어지면 이 도형을 rep-n-tile 이라고 부릅니다. 예를 들어 오른쪽과 같이 정사각형이 세로로 한 번, 가로로 한 번 선분을 그어 등분을 하면 rep-4-tile 가 됩니다.

아래의 도형들을 4등분하여 렙 타일을 만들 수 있습니다.

지금까지 알려진 rep-4-tile들은 모두 9등분이 가능하다고 알려졌있습니다. 위의 도형을 4등분 뿐만아니라 9등분도 가능하다는 의미입니다. 그렇다면 위의 세 도형을 9등분하려면 어떻게 해야할까요?

1. 도형 나누기

미국 서부 첫째 날 DAY 1

친구들의 수학여행(Math Travel)과 함께 단원이 시작됩니다. 여행지에서 수학문제를 발견하고 창의적으로 해결해 나갑니다.

아이앤아이 수학여행 친구들

전 세계 곳곳의 수학 관련 문제들을 풀며 함께 세계여행을 떠날 친구들을 소개할게요!

무우

팀의 만리더. 행동파 리더.

에너지 넘치는 자신감과 무한 긍정으로 팀원에게 격려와 응원을 아끼지 않는 팀의 만형, 솔선수범하는 믿음직한 해결사예요.

상상

팀의 챙김이 언니, 아이디어 뱅크.

감수성이 풍부하고 공감력이 뛰어나 동생들의 고민을 경청하고 챙겨주는 맏언니예요.

알알

진지하고 생각많은 똑똑이 알알이.

겁 많고 부끄럼 많고 소심하지만 관찰력이 뛰어나고 생각 깊은 아이에요. 야무진 성격을 보여주는 알밤머리와 주근깨 가득한 통통한 볼이 특징이에요.

제이

궁금한게 많은 막내 엉뚱이 제이.

엉뚱한 질문이나 행동으로 상대방에게 웃음을 주어요. 주위의 것을 놓치고 싶지 않은 장난기가 가득한 매력덩어리입니다.

단원살펴보기

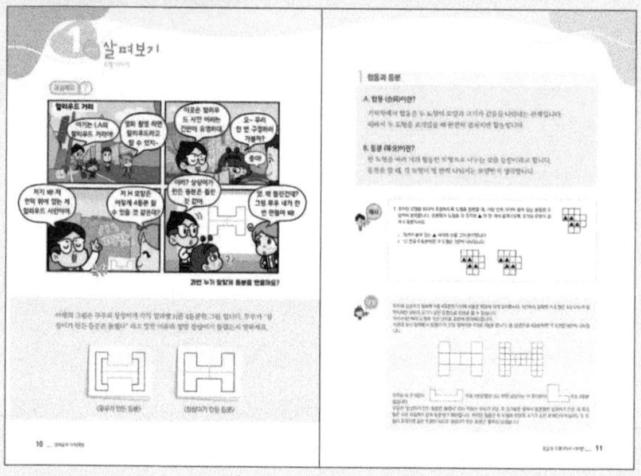

단원의 주제되는 내용을 정리하고 '궁금해요' 문제를 풀어봅니다.

대표문제

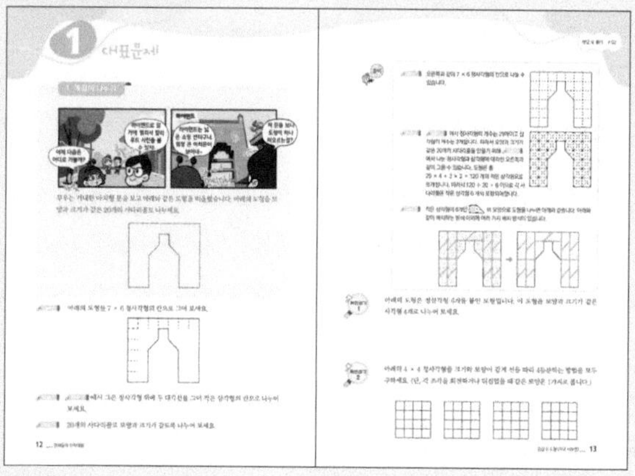

대표되는 문제를 단계적으로 해결하고 '확인하기' 문제를 풀어봅니다.

연습문제

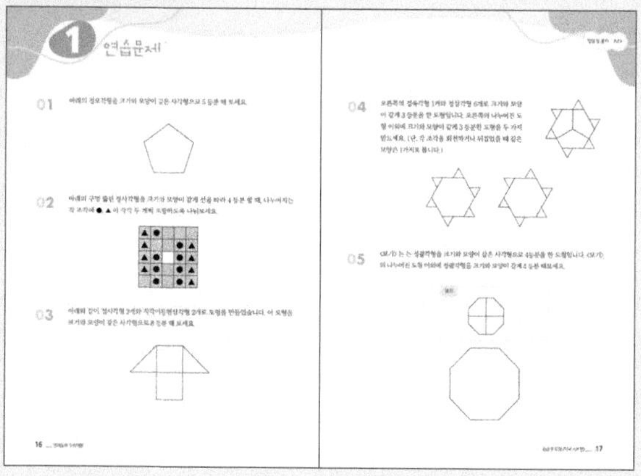

단원살펴보기 및 대표문제에서 익힌 내용을 알차게 구성된 사고력 문제를 통해 점검하며 주제에 대한 탄탄한 기본기를 다집니다.

심화문제

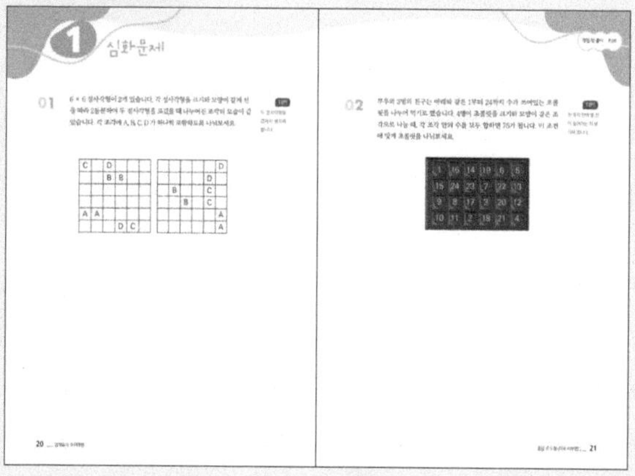

단원에 관련된 문제의 이해와 응용력을 바탕으로 창의적 문제 해결력을 기릅니다.

창의적문제해결수학

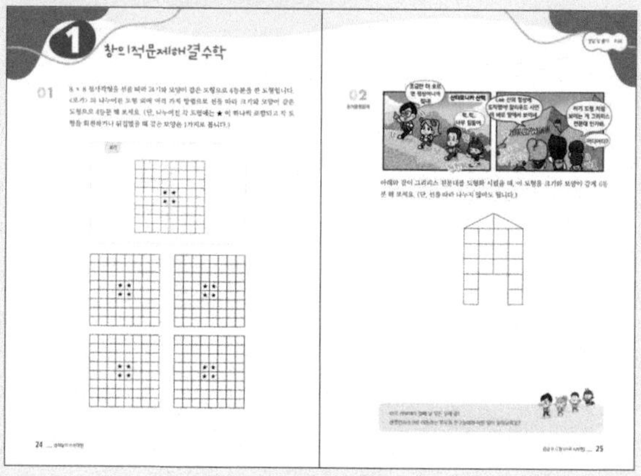

창의력 응용문제, 융합문제를 풀며 해당 단원 문제에 자신감을 가집니다.

정답 및 풀이

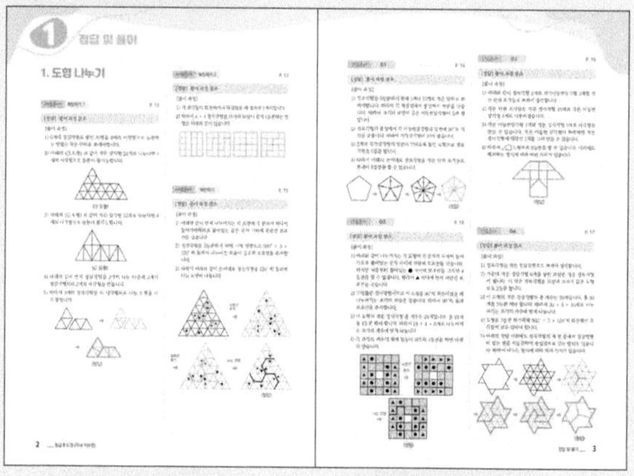

상세한 풀이과정과 함께 수학적 사고력을 완성합니다.

차례
CONTENTS

중급 초등4~6학년 E 자료와 가능성

나와 같은 사주를 가진 사람은 몇 명일까?

▲ 60 간지

사람이 태어난 해(年), 달(月), 날(日), 시(時) 의 네 가지를 사주(四柱)라고 합니다. 사람을 하나의 집으로 비유하고 그 사람의 생년, 생월, 생일, 생시를 그 집의 네 기둥이라고 보아 붙여진 명칭입니다. 사주를 풀이하면 그 사람의 타고난 운명을 알 수 있다고 합니다. 즉, 태어난 생년, 월, 일, 시간이 같으면 서로 같은 운명을 갖게 된다는 이야기가 됩니다.

그렇다면, 우리나라에 내 운명과 같은 사주를 가진 사람은 과연 몇 명이나 될까요?

해(年)와 날(日)은 60가지로 구분하고, 달(月)과 시(時)는 12가지로 구분합니다. 따라서 총 가능한 사주의 경우의 수는 60 (年) × 12 (月) × 60 (日) × 12 (時) = 518,400가지입니다.

현재 우리나라 총 인구는 약 5000만 명이므로 우리나라 총인구수를 가능한 사주의 모든 경우의 수로 나누면 (50,000,000 ÷ 518,400 ≒ 96.45) 서로 같은 사주를 가진 사람은 약 96 명이라는 것을 알 수 있습니다.

1. 경우의 수

캐나다 서부
Western Canada

캐나다 서부 첫째 날 DAY 1

무우와 친구들은 캐나다 서부에 가는 첫째 날, <벤쿠버>에 도착했어요.
무우와 친구들은 첫째 날에 <랍슨 스트리트>, <스탠리 파크>, <룩아웃 전망대>를 여행할 예정이에요.
먼저, <랍슨 스트리트> 에서 만날 수학 문제에는 어떤 것들이 있을까요?
즐거운 수학여행 출발~!

1 단원 살펴보기

경우의 수

궁금해요 ?

과연 무우와 상상이는 어떤 아이스크림을 먹게 될까요?

무우는 한 개의 아이스크림을, 상상이는 토핑이 없는 것과 있는 것에서 하나씩 골라 총 두 개의 아이스크림을 먹기로 했습니다. 아이스크림의 종류가 아래와 같을 때, 무우와 상상이가 선택할 수 있는 아이스크림의 종류는 각각 몇 가지 일까요?

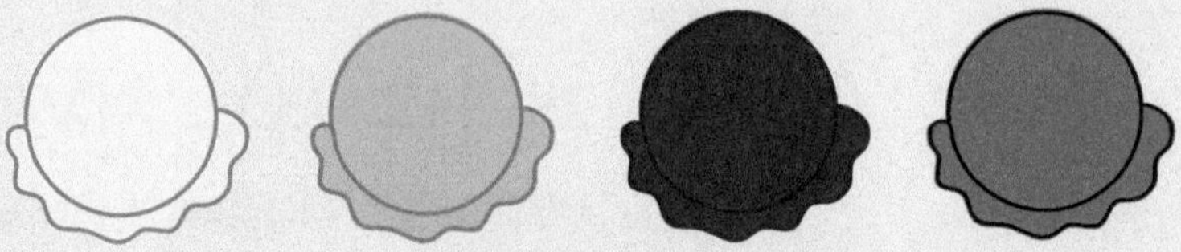

〈토핑이 없는 아이스크림〉

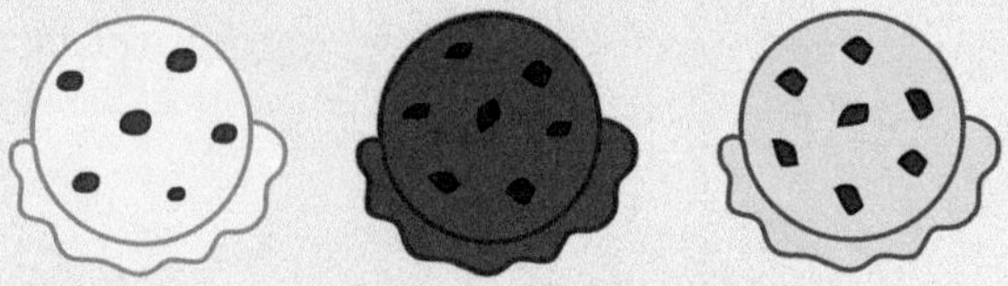

〈토핑이 있는 아이스크림〉

1 합의 법칙과 곱의 법칙

어떤 일이 일어날 수 있는 경우의 가짓수를 경우의 수라고 합니다. 예를 들어 동전 한 개를 던졌을 때 면이 나오는 경우의 수는 앞면과 뒷면으로 2가지입니다.

1. **합의 법칙** : 학교에서 집에 갈 수 있는 방법으로는 대중교통(버스, 지하철)을 이용하는 방법과 걸어가는 방법이 있습니다. 집에 갈 수 있는 방법의 총 경우의 수는 대중교통을 이용하는 방법 2가지와 걸어가는 방법 1가지를 더해 총 3가지입니다. 이와 같이 동시에 일어나지 않는 여러 사건의 경우의 수를 합하여 총 경우의 수를 구하는 것을 '합의 법칙'이라고 합니다.
2. **곱의 법칙** : 서울에서 부산으로 내려가려면 대중교통(버스, 지하철)을 이용해 서울역에 간 후 다시 기차(KTX, 무궁화호)를 탑승해야 합니다. 제시한 이동수단만을 이용해 부산으로 내려갈 수 있는 방법의 총 경우의 수는 서울역까지 가는 방법 2가지와 서울역에서 부산까지 가는 방법 2가지를 곱해 총 4가지입니다.
   이와 같이 동시에 일어나는 여러 사건의 경우의 수를 곱하여 총 경우의 수를 구하는 것을 '곱의 법칙'이라고 합니다.

아래 그림처럼 길이 있을 때, 집에서 학교에 가는 방법으로는 집에서 학교로 한 번에 가는 방법 한 가지와 서점을 거쳐 학교로 가는 방법이 있습니다.

서점을 거쳐 학교로 가기 위해서는 집에서 서점까지의 길 2개와 서점에서 학교까지의 길 3개 중 각 하나씩을 택해야 합니다. 따라서 서점을 거쳐 학교에 갈 수 있는 방법의 경우의 수는 곱의 법칙을 이용해 계산하며, 총 6가지 (2 × 3 = 6) 입니다.

집에서 학교에 한 번에 가는 경우와 서점을 거쳐 학교에 가는 경우의 수는 별개로 일어나는 각각의 사건이므로 합의 법칙을 이용해 계산합니다. 집에서 학교에 갈수 있는 모든 경우의 수는 (1 + 6 = 7) 7가지입니다.

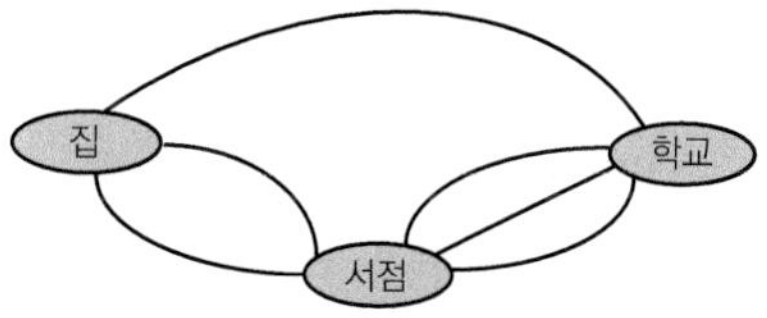

1. 무우는 토핑이 없는 아이스크림  4개 또는 토핑이 있는 아이스크림 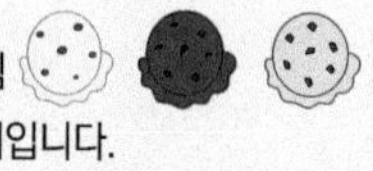 3개 중 한 개만을 고르면 되므로 4 + 3 = 7가지 경우의 수를 가집니다. 이는 합의 법칙을 이용한 예입니다.
2. 상상이는 토핑이 없는 아이스크림 중 한 가지를 고르고, 토핑이 있는 아이스크림 중 한 가지를 더 골라야 합니다. 만약, 상상이가 토핑이 없는 아이스크림 중 바닐라 맛을 골랐다면 상상이가 먹을 수 있는 아이스크림의 경우의 수는 (바닐라, 아몬드), (바닐라, 초코칩), (바닐라, 민트초코)로 총 세 가지입니다. 이와 같은 방식으로 딸기, 초코, 녹차 맛의 경우의 수를 구하면 총 3 × 4 = 12가지 경우의 수를 가집니다. 이는 곱의 법칙을 이용한 예입니다.

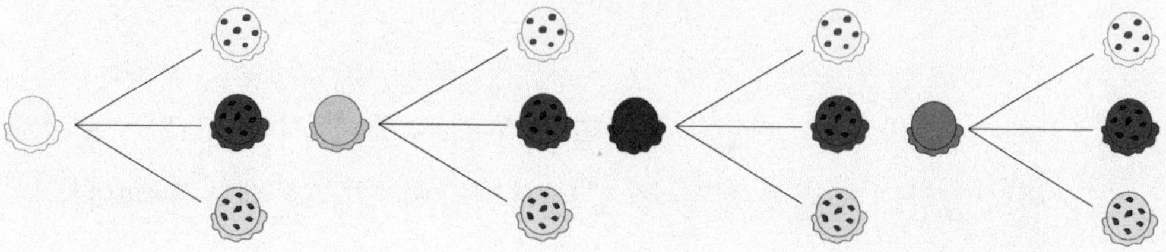

정답 : 무우 7가지, 상상 12가지

1 대표문제

1. 순서가 상관 있는 경우

빨강, 노랑, 초록, 파랑, 보라색의 5가지 블럭이 있을 때, <규칙>에 맞게 모든 블럭을 쌓을 수 있는 방법은 모두 몇 가지인지 구하세요.

규칙

1. 블럭은 세로 방향의 일렬로만 쌓을 수 있습니다.
2. 빨간색과 노란색 블럭은 항상 서로 맞닿아 있어야 합니다.

Step 1 빨간색과 노란색 블럭 두 개를 이용해 쌓을 수 있는 블럭탑의 경우의 수를 구하세요.

Step 2 빨간색과 노란색 블럭을 하나로 묶어 하나의 블럭처럼 생각하고, 나머지 블럭들과 함께 세로 방향의 일렬로 쌓을 수 있는 블럭탑의 경우의 수를 구하세요.

Step 3 **Step 1**과 **Step 2**에서 구한 경우의 수를 동시에 고려해 모든 블럭을 이용해 세로 방향의 일렬로 쌓을 수 있는 블럭탑의 경우의 수를 구하세요.

풀이

Step 1 빨간색과 노란색 블럭 두 개로 쌓을 수 있는 블럭탑의 경우의 수는 (빨강, 노랑), (노랑, 빨강)으로 2가지입니다. →

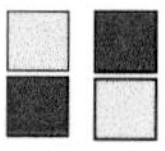

Step 2 빨간색과 노란색 블럭을 묶어 주황색의 하나의 블럭이라고 생각하고 나머지 블럭들과 함께 총 네 개의 블럭을 세로방향의 일렬로 쌓을 수 있는 경우의 수를 구합니다.

가장 아래 층에는 주황, 초록, 파랑, 보라색 네 개의 블럭이 모두 올 수 있고, 두 번째 층에는 아래 층에서 선택된 하나의 블럭을 제외한 세 개의 블럭이 올 수 있습니다.

이런 방식으로 마지막 4층까지 쌓아 올렸을 때 경우의 수를 계산하면 ($4 \times 3 \times 2 \times 1 = 24$)로 총 24가지 경우의 수를 구할 수 있습니다.

→ 1층: 2층: 3층: 4층:

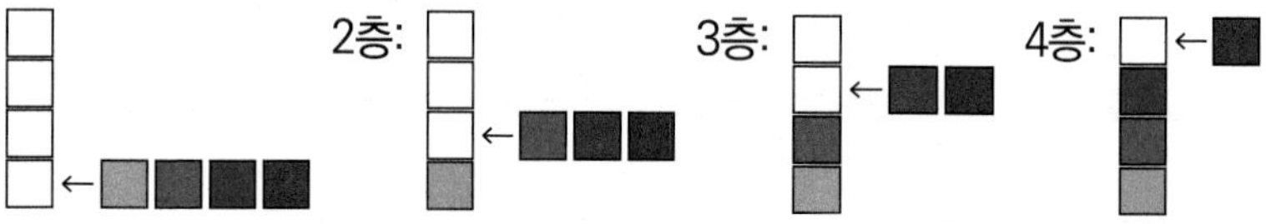

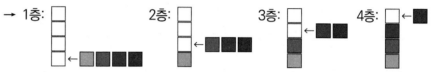

Step 3 **Step 2** 의 한 경우마다 **Step 1** 의 경우가 모두 일어날 수 있으므로 두 경우의 수를 곱해 총 경우의 수를 구합니다. 따라서 답은 $24 \times 2 = 48$가지입니다.

정답 : 2가지 / 24가지 / 48가지

확인하기 1

진영이네 가족은 가족 사진을 찍기 위해 사진관을 찾았습니다. 진영이네 가족은 할머니, 엄마, 아빠, 형, 진영이, 동생으로 총 6명 입니다. 사진사는 진영이네 가족에게 가로 방향의 한 줄로 서고 엄마와 아빠는 꼭 옆에 나란히 서달라고 이야기 했습니다. 엄마와 아빠가 이웃하면서 진영이네 가족이 한 줄로 설 수 있는 경우의 수는 모두 몇 가지인지 구하세요.

확인하기 2

무우네 반 친구들 5명은 체육대회 때 참가할 이어달리기 순서를 정하기 위해 모였습니다. 무우네 반에서 달리기를 가장 잘하는 무우가 꼭 마지막 순서를 뛰기로 하였습니다. 무우가 꼭 마지막 순서를 뛰면서 이어달리기 순서를 정하는 경우의 수는 모두 몇 가지인지 구하세요.

1 대표문제

2. 순서가 상관 없는 경우

무우와 친구들은 에피타이저 메뉴에서 2가지, 메인 메뉴에서 3가지를 골라 같이 나누어 먹기로 결정했습니다. 아래의 메뉴판을 보고, 무우와 상상이가 조합해 먹을 수 있는 메뉴의 경우의 수를 구하세요. (단, 음식이 나오는 순서는 신경쓰지 않습니다.)

Step 1 에피타이저 메뉴 4가지 중 2가지를 고를 경우의 수를 구하세요.

Step 2 메인 메뉴 6가지 중 3가지를 고를 경우의 수를 구하세요.

Step 3 에피타이저 메뉴 2가지와 메인 메뉴 3가지를 조합해 무한이와 상상이가 먹을 수 있는 메뉴의 경우의 수를 구하세요.

풀이

Step 1 에피타이저 메뉴 4가지 중 2가지를 고를 경우의 수는 다음과 같이 구할 수 있습니다.
첫 번째는 4가지 메뉴 중 한 개를, 두 번째는 선택된 한 개의 메뉴를 제외한 3가지 메뉴 중 한 개를 선택하면 됩니다.
하지만 (바게트, 스프) 와 (스프, 바게트) 와 같이 순서만 다른 두 경우는 서로 같은 경우입니다. 따라서 계산식은
(첫째로 가능한 메뉴의 수 × 둘째로 가능한 메뉴의 수 ÷ 두 개의 메뉴가 배열될 경우의 수)
= (4 × 3 ÷ 2 = 6) 로 정답은 6가지입니다.

Step 2 메인 메뉴 6가지 중 3가지를 고를 경우의 수는 다음과 같이 구할 수 있습니다.
3 개의 메뉴를 순서에 따라 고를 수 있는 경우의 수는
(6 × 5 × 4 = 120) 로 120가지입니다.
하지만 (피자, 리조또, 스테이크), (피자, 스테이크, 리조또) 와 같이 세 개의 같은 메뉴가 순서만 다른 경우는 서로 같은 경우입니다. 따라서 계산식은
[(3가지 메뉴를 순서대로 뽑을 경우의 수) ÷ (3가지 메뉴가 배열될 수 있는 경우의 수)]
= [(6 × 5 × 4 =120) ÷ (3 × 2 × 1 = 6) = 20] 으로 정답은 20가지입니다.

Step 3 Step 1 의 에피타이저 메뉴를 고르는 한 경우마다 Step 2 의 메인 메뉴를 고르는 경우가 모두 일어날 수 있으므로 두 사건의 경우의 수를 곱해 총 경우의 수를 구합니다.
따라서 답은 6 × 20 = 120가지입니다.

정답 : 6가지 / 20가지 / 120가지

확인하기

아래의 정육각형에서 두 개의 꼭짓점을 이어 만들 수 있는 대각선의 개수를 구하세요.
(단, 정육각형의 선분은 대각선에서 제외합니다.)

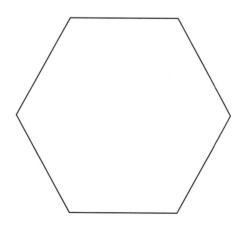

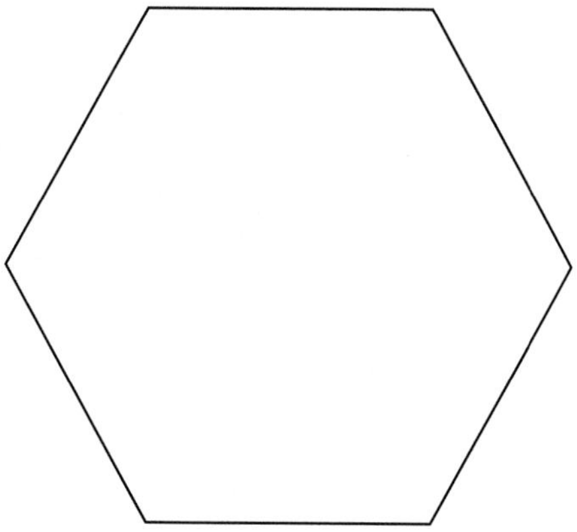

1 연습문제

01 아래의 숫자 카드를 한 번씩 사용하여 세 자리 수를 만들려고 합니다. 만들 수 있는 세 자리 자연수의 개수를 구하세요.

02 무한이네 반 친구들 14명 중 청소 당번을 두 명 뽑으려고 합니다. 반장인 무한이와 부반장인 상상이는 청소 당번 후보에서 제외됩니다. 청소 당번 두 명을 뽑는 경우의 수를 구하세요.

03 산 정상에 오른 민정이네 반 친구들 5명은 가로 방향의 한 줄로 서서 기념 사진을 찍으려고 합니다. 그런데 높은 곳을 무서워하는 민정이는 양쪽 끝에 서고 싶지 않다고 합니다. 민정이가 양끝에 서지 않고 친구들이 한 줄로 설 수 있는 경우의 수는 모두 몇 가지인지 구하세요.

04 한 박스에는 0부터 9까지 숫자가 적힌 모양과 크기가 같은 공 10개가 들어있습니다. 승아는 이 박스에서 차례로 공을 꺼내 첫 번째로 꺼낸 공에 적힌 수를 10의 자리, 두 번째로 꺼낸 공에 적힌 수를 1의 자리로 하여 두 자리 자연수를 만들려고 합니다. 승아가 만들 수 있는 두 자리 자연수 중 5의 배수는 몇 개인지 구하세요. (단, 한 번 꺼낸 공은 박스에 다시 집어 넣지 않습니다.)

05 지도를 보고 지윤이가 집에서 백화점까지 가는 방법은 모두 몇 가지인지 구하세요. (단, 한 장소를 두 번 이상 지나지 않습니다.)

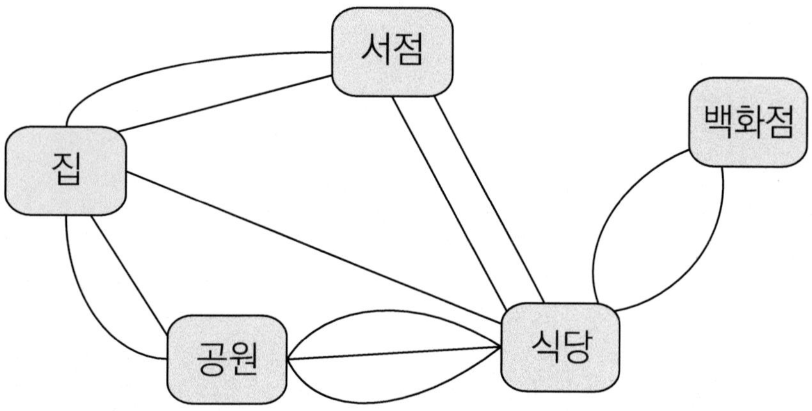

1 연습문제

06 민수는 서로 다른 동화책 6권, 만화책 4권, 소설책 5권의 세 종류의 책을 가지고 있습니다. 예림이는 민수로부터 서로 다른 종류의 책 2권을 빌리려고 합니다. 예림이가 서로 다른 종류의 책 2권을 빌릴 수 있는 경우의 수는 모두 몇 가지인지 구하세요.

07 1 ~ 9까지 9장의 숫자카드가 있습니다. 9장의 카드 중 2장을 동시에 뽑아서 나온 두 수의 합이 3의 배수가 되는 경우의 수를 구하세요.

08 스키장에 놀러간 친구들 9명은 두 조로 나누어 4명은 스키를 타고 5명은 보드를 타기로 했습니다. 친구들 9명을 4명과 5명으로 나누는 방법은 모두 몇 가지인지 구하세요.

09 점 세 개를 이어 삼각형을 만들려고 합니다. 만들 수 있는 삼각형의 개수는 모두 몇 개인지 구하세요.

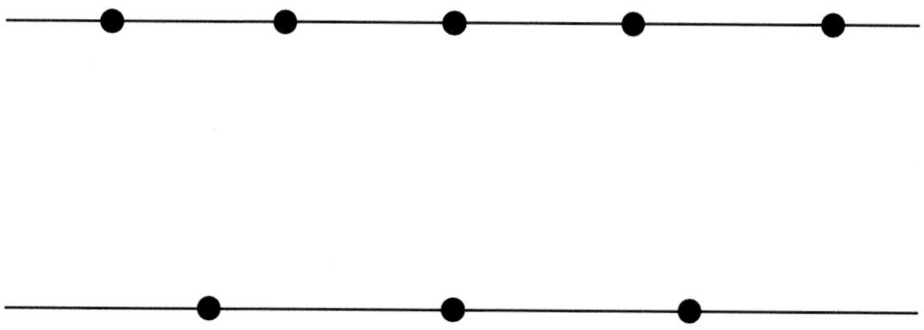

10 그림에서 찾을 수 있는 직사각형의 개수를 구하세요.

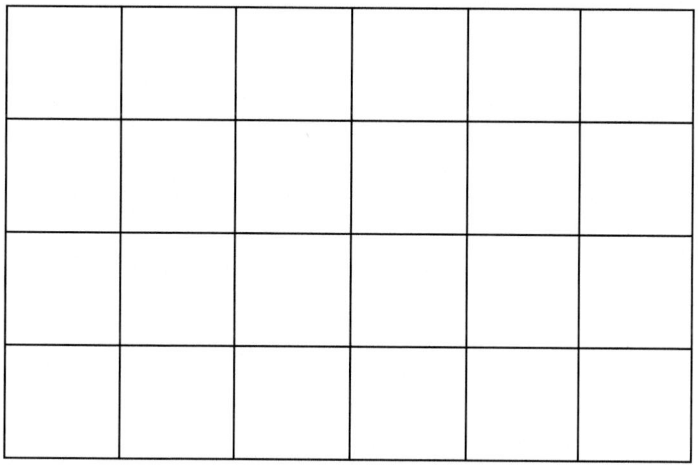

1 심화문제

01 지민이네 동아리에는 여학생이 5명, 남학생이 7명 있습니다. 이 중 여학생 2명, 남학생 3명을 뽑아 사진을 찍어 동아리를 홍보하는 전단지에 실으려고 합니다. 뽑힌 학생들은 남녀가 교대로 가로 방향의 한 줄로 서서 사진을 찍는다고 합니다. 동아리 홍보를 위해 남녀 대표 학생을 뽑고, 배열될 수 있는 경우의 수는 모두 몇 가지인지 구하세요.

TIP!
남녀가 교대로 설 수 있는 방법은 몇 가지 인지 찾아보세요.

02 장애물 이어달리기 경기는 달리기, 허들, 그물 통과, 훌라후프 구간의 총 4단계로 구성되어 있습니다. 준호네 반 친구들 12명 중에는 달리기가 빠른 친구 2명, 허들을 잘 뛰어 넘는 친구 3명, 훌라후프를 잘하는 친구 1명이 있습니다. 준호네 반 친구들은 각 단계에 한 명씩 총 네 명의 친구를 선발해 장애물 이어달리기 경기에 참가하려고 합니다. 친구들이 가진 강점을 최대한 발휘할 수 있도록 경기에 참가하는 팀을 구성하는 방법은 모두 몇 가지인지 구하세요.

TIP!
강점을 가진 친구들을 먼저 뽑아 봅니다.

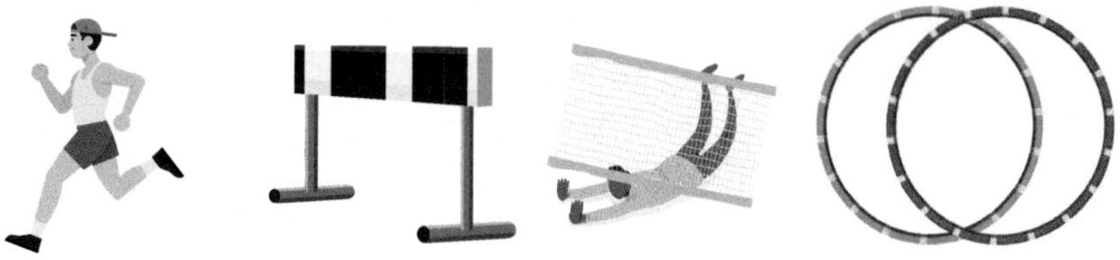

1 심화문제

03 1부터 6까지 숫자가 적힌 정육면체 모양의 주사위 두 개를 동시에 던져 나오는 두 눈의 수를 곱하려고 합니다. 나올 수 있는 두 눈의 곱은 모두 몇 가지인지 구하세요.

TIP!
2×2, 1×4 같이 결과가 같은 것들에 유의하세요.

→ $3 \times 1 = 3$

정답 및 풀이 P.05

04

6명의 친구들은 마니또를 정하기 위해 모양과 크기가 똑같은 공 6개에 각자의 이름을 적어 상자 안에 넣었습니다. 상자에서 한 개씩 공을 꺼내어 공에 적혀 있는 사람이 내 마니또가 되는 방식입니다. 그런데 6명의 친구들이 모두 공을 뽑고 확인을 해봤더니 본인의 이름이 적힌 공을 뽑은 친구들이 3명이나 됐습니다. 6명의 친구들 중 3명이 본인의 이름이 적힌 공을 뽑을 경우의 수는 모두 몇 가지인지 구하세요.

TIP!

3명이 본인의 공을 뽑을 경우의 수 부터 구해 보세요.

1 창의적문제해결수학

01 무우는 다음과 같은 모양의 구조물을 발견했습니다. 무우가 이러한 모양의 직육면체 구조물에서 찾을 수 있는 크고 작은 직육면체는 모두 몇 개일까요?

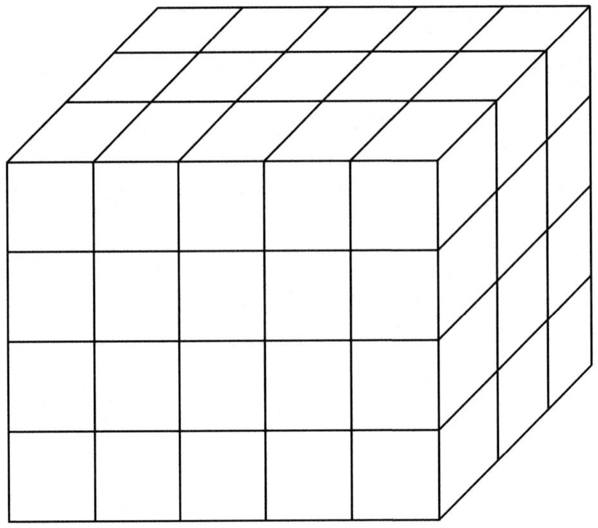

02
창의융합문제

〈보기〉는 캐나다의 한 트램 노선도와 버스 안내표의 일부입니다.

보기

〈트램 노선도〉

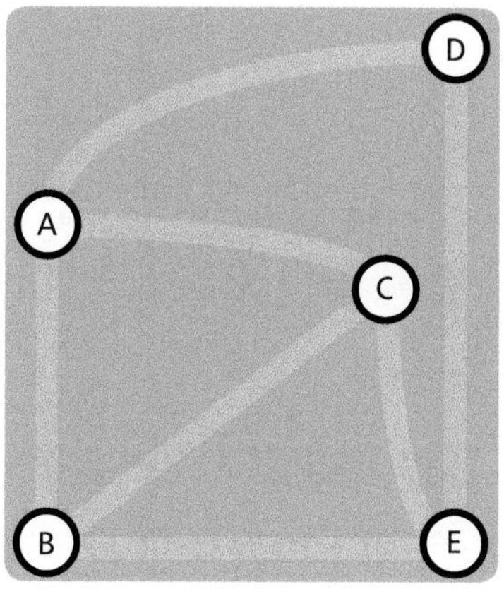

〈버스 안내표〉

A ↔ C	No.1, No.2, No.3
A ↔ B	No.4, No.5
C ↔ D	No.6, No.7, No.8

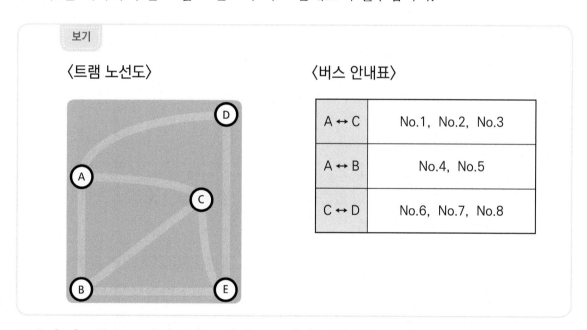

무우와 친구들은 A 지점에서 E 지점으로 가려고 합니다. 트램 노선도와 버스 안내표를 참고해 트램과 버스만을 이용해 간다고 할 때, 무우와 친구들이 A 지점에서 E 지점으로 갈 수 있는 방법은 모두 몇 가지인지 구하세요. (단, 한 지점을 두 번 이상 지나지 않으며 트램과 버스는 양방향으로 운행합니다.)

캐나다 서부에서 첫째 날 모든 문제 끝!
빅토리아로 이동하는 무한이와 친구들에게 어떤 일이 일어날까요?

머리카락 수

"나의 머리카락은 몇 개일까요?"

"서울에 사는 사람 중 머리카락 수가 같은 사람들이 존재할까요?"

이와 같은 두 질문은 상상만 해볼 뿐, 결과를 알기는 어렵습니다. 하지만 이 두 가지 질문 중 정확한 답을 구할 수 있는 질문이 있습니다. 바로 두 번 째 질문입니다. 그렇다면, 두 번째 질문에 대한 답을 함께 찾아볼까요?

평균적으로 한 사람의 머리카락 수는 10만 개에서 15만 개입니다. 머리 숱이 아주 많다고 하더라도 평균의 10배 이상인 200만 개를 넘기는 힘듭니다. 따라서 한 사람이 가질 수 있는 머리카락 수는 아주 극단적인 경우를 포함해 최소 1개부터 최대 200만 개까지 총 200만 개의 경우의 수를 가집니다.

한편, 현재 서울에 거주하고 있는 인구수는 약 1000만 명 입니다. 서울시민 1000만 명 중 1부터 200만까지 머리카락 수가 각 숫자에 해당하는 사람이 한 명씩 있다고 가정합니다. 남은 800만 명의 머리카락 수 또한 1개부터 200만 개 사이의 머리카락 수를 가지게 됩니다. 그러므로 정확히 누구인지는 알 수 없지만 머리카락의 개수가 같은 사람들이 반드시 존재한다는 사실은 알 수 있습니다.

2. 비둘기집 원리

캐나다 서부
Western Canada

캐나다 서부 둘째 날 DAY 2

무우와 친구들은 캐나다 서부에 가는 둘째 날, <빅토리아>에 도착했어요. 무우와 친구들은 둘째 날에 <이너 하버>, <빅토리아 주 의사당>, <피셔맨즈 워프> 를 여행할 예정이에요. 무우와 친구들은 이번엔 어떤 수학문제들과 만나게 될까요?

2 단원 살펴보기

비둘기집 원리

궁금해요 ?

과연 무우와 친구들은 엽서를 받을 수 있을까요?

모든 컵 안에는 하나 이상의 공이 반드시 들어있어야 합니다. 만약, 적어도 하나의 컵엔 두 개의 공이 들어 있기 위해서 최소 몇 개의 공이 필요할까요?

1 비둘기집 원리

9개의 비둘기집에 각 한 마리씩 9마리의 비둘기가 들어가 있습니다. 한 마리의 비둘기가 더 날아와 9개의 비둘기집 중 하나의 집으로 들어가려고 합니다. 그러면 적어도 하나의 집에는 반드시 두 마리의 비둘기가 들어가게 됩니다.

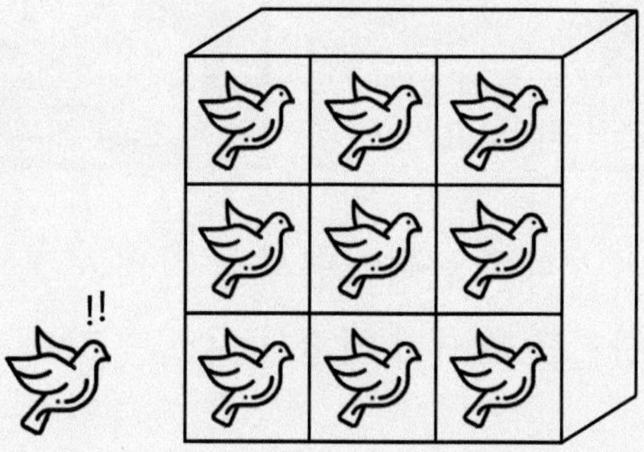

이처럼 더 많은 수의 비둘기가 더 적은 수의 비둘기집에 들어가려고 할 때, 적어도 하나의 집에는 반드시 두 마리의 비둘기가 들어가게 되는 것을 비둘기집의 원리라고 합니다.

예시

비둘기집의 원리는 다음과 같이 계산식으로 나타낼 수 있습니다.

(★ + 1)마리의 비둘기가 ★개의 집에 들어가면, 적어도 어느 한 집에는 2마리의 비둘기가 함께 들어갑니다.

정답

1. 5개의 컵에 모두 하나씩의 공이 있다면, 총 5개의 공이 필요합니다. (●×5)

2. 6개의 공을 5개의 컵에 넣는다고 하면 5개의 공을 각 컵에 하나씩 넣고도 한 개의 공이 남습니다. 따라서 남은 한 개의 공은 반드시 다른 공과 같은 컵에 들어가게 됩니다.

3. 따라서 적어도 하나의 컵에 두 개의 공이 들어 있기 위해서 최소 6개 이상의 공이 필요합니다.

2 대표문제

1. 비둘기집 원리

무우와 친구들 총 4명이 순서대로 돌아가면서 한 장씩 사진을 찍는다고 할 때, 적어도 한 명이 3장의 폴라로이드 사진을 가지기 위해서 최소 몇 장의 필름이 필요한지 구하세요.

Step 1 4명의 친구들 중 적어도 한 명이 2장의 폴라로이드 사진을 가지기 위해서 최소 몇 장의 필름이 필요한지 구하세요.

Step 2 4명이 모두 폴라로이드 사진을 2장씩 가지기 위해서 최소 몇 장의 필름이 필요한지 구하세요.

Step 3 4명의 친구들 중 적어도 한 명이 3장의 폴라로이드 사진을 가지기 위해서 최소 몇 장의 필름이 필요한지 구하세요.

Step 1 순서대로 돌아가며 사진을 찍는다고 했으므로 4명의 친구들 중 적어도 한 명이 2장의 사진을 가지려면 일단 4명의 친구들 모두 한 장의 사진을 가져야 합니다. 4명이 한 장씩 사진을 찍은 다음 한 명의 친구가 또 사진을 찍게 되면 그 친구는 2장의 사진을 가지게 됩니다.
따라서 적어도 한 명이 2장의 사진을 가지기 위해 최소한으로 필요한 필름의 개수는 4 + 1 = 5장 입니다.

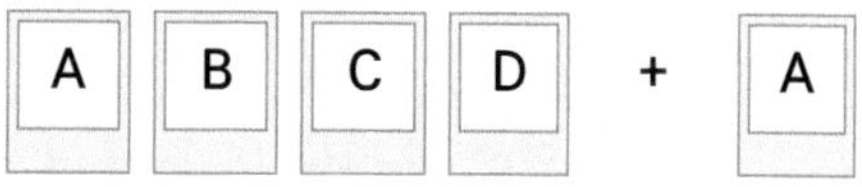

Step 2 4명이 모두 2장의 폴라로이드 사진을 가지기 위해 필요한 필름의 개수는 4 × 2 = 8장 입니다.

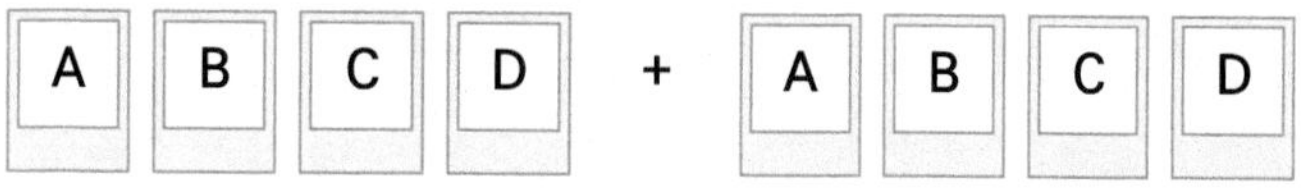

Step 3 Step 1 과 같이 적어도 한 명이 3장의 사진을 가지려면 일단 4명의 친구들 모두 두 장의 사진을 가져야 합니다. 4명이 두 장씩 사진을 찍은 다음 한 명의 친구가 또 사진을 찍게 되면 그 친구는 3장의 사진을 가지게 됩니다.
따라서 적어도 한 명이 3장의 사진을 가지기 위해 최소한으로 필요한 필름의 개수는 4 × 2 + 1 = 9장 입니다.

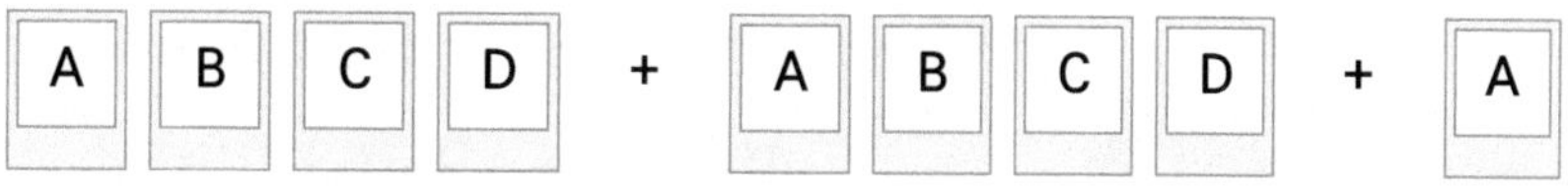

정답 : 5장 / 8장 / 9장

확인하기 1

서랍에는 검은색, 흰색, 빨간색, 줄무늬 4종류의 양말이 각각 여러 짝 있습니다. 서랍을 보지 않고 양말을 꺼내고도 반드시 짝이 맞는 양말을 한 켤레(두 짝) 꺼내기 위해서는 적어도 양말을 몇 짝 꺼내야 하는지 구하세요.

확인하기 2

바구니에는 서로 다른 네 가지 맛의 쿠키가 여러 개씩 담겨 있습니다. 바구니에서 하나씩 쿠키를 꺼내 먹는다고 할 때, 같은 맛의 쿠키를 3개 먹기 위해서 적어도 몇 개의 쿠키를 꺼내야 하는지 구하세요.

2 대표문제

2. 생일이 같은 친구

이벤트 게시판에 적힌 내용은 아래와 같습니다. 무우와 친구들의 태어난 달이 모두 달라 이벤트 상품을 받을 수 없었을 때, 무우와 친구들이 반드시 선물을 받기 위해선 최소 몇 명의 인원을 모아야 할까요?

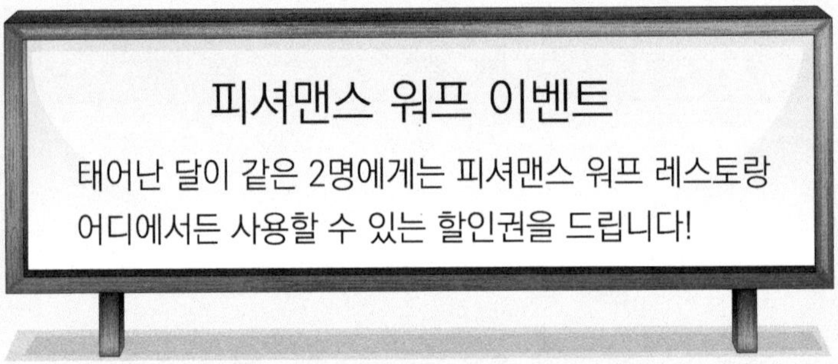

피셔맨스 워프 이벤트
태어난 달이 같은 2명에게는 피셔맨스 워프 레스토랑 어디에서든 사용할 수 있는 할인권을 드립니다!

Step 1 모든 구성원의 태어난 달이 다 다르도록 일행을 구성한다고 할 때, 최소 몇 명까지 일행이 될 수 있는지 구하세요.

Step 2 무한이와 친구들이 어떠한 경우에도 선물을 받기 위해서 몇 명의 인원이 필요한지 구하세요.

풀이

Step 1 달은 1월부터 12월까지 총 12개 달이 있습니다. 모든 구성원이 태어난 달이 다르면서 일행을 구성할 수 있는 최소의 경우는 12명의 인원이 12개 달에 한 명씩 태어난 경우입니다.

Step 2 Step 1 처럼 12명이 모두 다른 달에 태어났다고 하더라도, 인원이 13명이라면 13번째 사람은 12명 중 한 명과는 태어난 달이 같을 수 밖에 없습니다. 따라서 무우와 친구들이 반드시 선물을 받기 위해서 필요한 최소 인원은 13명 입니다.

정답 : 일행 구성 최소 인원 : 12명
선물을 받기 위해 필요한 최소 인원 : 13명

확인하기 1

한 장난감 가게에서는 어린이 날을 맞이해 같은 요일에 태어난 3명의 친구가 함께 오면 인형을 주는 이벤트를 하고 있습니다. 어떤 경우에도 인형을 받는 친구가 있기 위해서 적어도 몇 명이 있어야 하는지 구하세요.

확인하기 2

5월에 태어난 사람들의 모임 중 어떤 경우에도 생일이 같은 사람들이 4명 있기 위해서 이 모임에는 적어도 몇 명이 있어야 하는지 구하세요.

2 연습문제

01 한 박스에는 모양과 크기가 같은 빨간색, 주황색, 노란색, 초록색, 파란색 다섯 가지 색의 공이 여러 개씩 들어 있습니다. 박스 안을 보지 않고 공을 한 개씩 꺼내려고 할 때, 반드시 같은 색의 공을 3개 뽑기 위해서 적어도 공을 몇 개 뽑아야 하는지 구하세요.

02 선생님에게는 세 가지 맛의 사탕이 여러 개씩 들어 있는 주머니가 있습니다. 선생님은 발표를 한 아이들에게 주머니 안을 보지 말고 두 개씩 사탕을 꺼내 먹으라고 이야기 했습니다. 같은 조합으로 사탕을 고른 아이들이 반드시 두 명 이상 있으려면 적어도 몇 명의 아이들이 발표를 해야 하는지 구하세요.

03 무우네 반 친구들은 풍선 터뜨리기 게임을 하려고 합니다. 한 명이 9개의 풍선에 9번의 다트를 던져 풍선을 터뜨려 하나당 1점, 터뜨리지 못하면 0점을 받는 게임입니다. 반드시 점수가 같은 친구들이 3명 이상 있기 위해서 적어도 몇 명의 친구들이 필요한지 구하세요.

04 제이네 학교의 4학년 학생수는 120명입니다. 4학년 학생 중 같은 주에 생일을 맞이하는 학생들이 반드시 3명 이상 있습니다. 그 이유를 비둘기집의 원리를 이용해 설명하세요.

05 상상이네 학교의 전체 학생수는 670명 입니다. 상상이네 학교 학생들 중 반드시 생일이 같은 학생이 3명 이상 있기 위해서 적어도 몇 명의 학생이 전학을 와야하는지 구하세요.

06 한 워터파크의 어린이 풀장에는 5살부터 13살까지의 어린이만 출입할 수 있습니다. 이 풀장에 출입한 어린이들 중 반드시 두 명의 나이가 같기 위해서 적어도 몇 명의 어린이가 출입해야 하는지 구하세요.

2 연습문제

07 버튼이 두 개씩 있는 상자 다섯 개가 있습니다. 버튼은 모두 꺼져있는 상태이며 꺼진 상태로 두거나 켤 수 있습니다. 다섯 개의 상자의 버튼을 모두 다른 모습으로 켜고 끌 수 있는지 색칠해 보고, 만약 아니라면 그 이유를 설명하세요. (○:버튼이 꺼진 모습, ●:버튼이 켜진 모습)

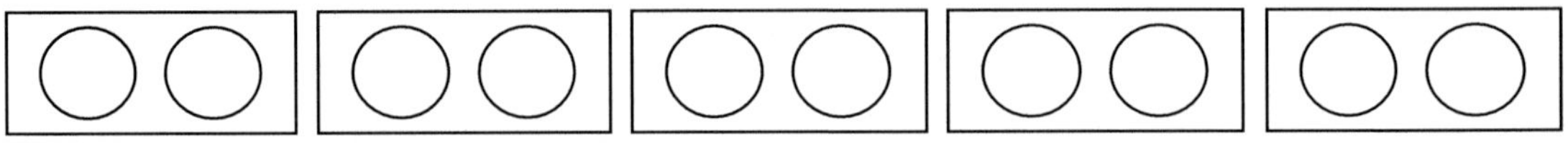

08 7가지 무지개 색의 색종이가 여러 장씩 마구 섞여 있습니다. 이 중 몇 장의 색종이를 뽑아 같은 색의 색종이가 6장 나오면 정육면체 모양의 상자 각 면에 붙이려고 합니다. 어떤 경우에도 상자에 붙일 같은 색의 색종이 6장을 뽑기 위해서 적어도 몇 장의 색종이를 뽑아야 하는지 구하세요.

09

1부터 10까지의 숫자가 적힌 카드 10장이 있습니다. 10장의 카드 중 적어도 몇 장의 카드를 뽑아야 반드시 그 안에 카드에 적힌 수의 차가 6인 두 카드가 존재하는지 구하세요.

10

한 디저트 가게는 오픈 기념으로 사람들에게 무료로 쿠키를 나눠주려고 합니다. 이벤트로 준비한 쿠키는 초코, 딸기, 녹차, 피넛 총 네 가지 맛이며 한 사람이 종류 상관 없이 한 개 혹은 최대 두 개까지 가져갈 수 있습니다. 쿠키의 개수, 종류를 모두 똑같이 가져간 손님이 반드시 10명 이상 있으려면 적어도 몇 명의 손님이 쿠키를 받아야 하는지 구하세요.

2 심화문제

01 상자 안에는 모양과 크기가 같은 구슬 85개가 들어 있습니다. 그 중 빨간색과 파란색 공은 각 30개, 초록색과 노란색 공은 각 10개, 흰색 공은 5개입니다. 상자 속을 보지 않고 공을 꺼낼 때 반드시 같은 색 공을 20개 이상 꺼내기 위해서 적어도 몇 개의 공을 꺼내야 하는지 구하세요.

02 세 칸으로 나누어진 도형이 9개 있습니다. 도형의 각 칸을 흰색이나 검은색으로 칠하려고 합니다. 가능하다면 9개 도형을 모두 다른 형태로 칠하고, 불가능하다면 그 이유를 설명하세요.(단, 도형은 뒤집거나 회전시키지 않습니다.)

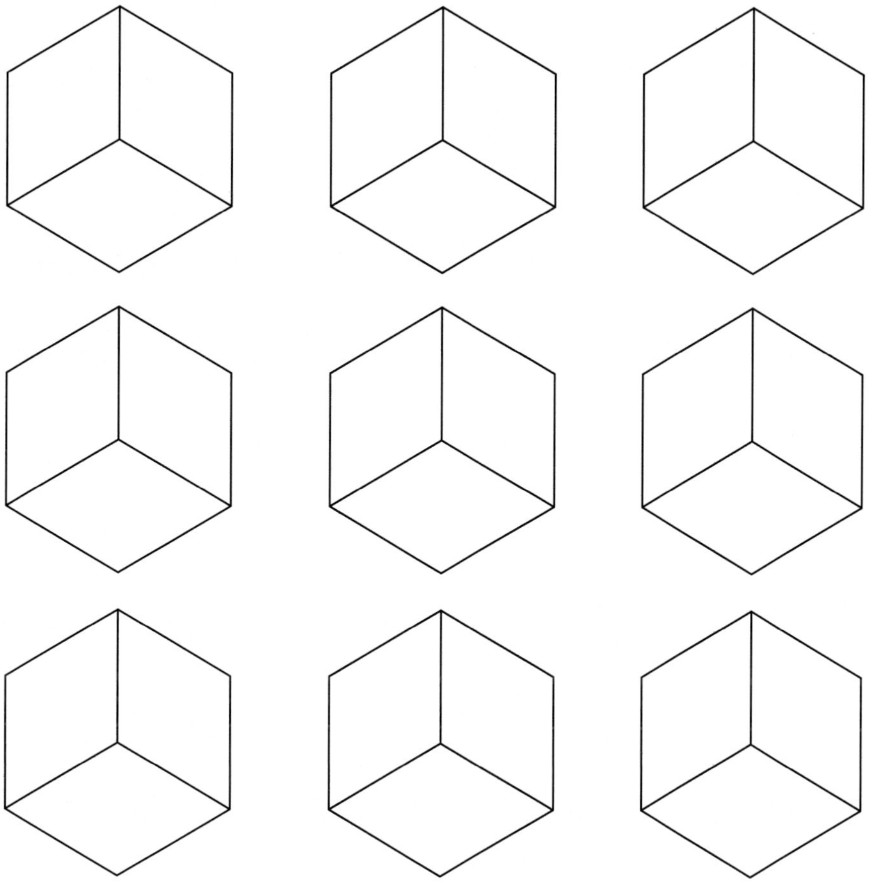

2 심화문제

03 한 상자 안에는 네 가지 맛의 젤리가 여러 개씩 들어 있습니다. 상자 안을 보지 않고 젤리를 임의로 하나씩 꺼내다가 같은 맛의 젤리가 10개가 되면 그 10개를 골라내 한 봉지에 포장합니다. 젤리 3봉지를 포장하기 위해서 적어도 몇 개의 젤리를 꺼내야 하는지 구하세요. (단, 한번 집은 젤리는 상자 안에 다시 넣지 않습니다.)

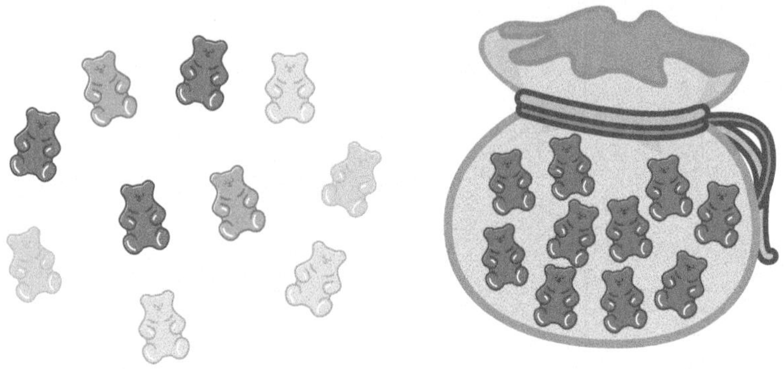

정답 및 풀이 P.10

04 1부터 20까지의 자연수 중 적어도 몇 개의 수를 뽑아야 반드시 그 안에 합이 25인 두 수가 존재하는지 구하세요.

2 창의적문제해결수학

01 APRIL이라는 이름의 한 인터넷 쇼핑몰에서는 4월에 태어난 사람들만을 위한 이벤트를 진행하고 있습니다. 생일이 4월인 사람들은 누구나 회원 가입만 하면 10% 할인 쿠폰을 받을 수 있고, 그 중 생일과 띠가 모두 같은 회원들이 사이트에서 이웃을 맺으면 그 회원들에게는 제품을 하나씩 무료로 주는 이벤트입니다. 만약 어떤 경우에도 네 명의 회원이 무료로 제품을 받기 위해서 적어도 몇 명의 회원이 필요한지 구하세요.

02
창의융합문제

무우와 친구들이 온 디저트 카페에서 디저트를 고르는 방법이 <보기>와 같을 때, 오늘 디저트 가게에 방문한 사람들 중 1, 2, 3단 모두 같은 조합의 디저트 세트를 먹은 사람들이 적어도 두 명 이상 있기 위해서 최소 몇 명의 손님이 방문해야 하는지 구하세요.

보기

1. 1단에는 4가지의 빵 중에 한 종류를 고릅니다.

2. 2단에는 3가지의 쿠키 중에 한 종류를 고릅니다.

3. 3단에는 5가지의 과일 중에 한 종류를 고릅니다.

캐나다 서부에서 둘째 날 모든 문제 끝!
캘거리로 이동하는 무우와 친구들에게 어떤 일이 일어날까요?

최단 경로 알고리즘?

알고리즘(Algorithm)이란 주어진 문제를 해결하기 위해 필요한 일련의 절차나 방법을 말합니다. 그 중에서도 우리의 실생활에서 많이 쓰이는 최단 경로 알고리즘이란 그래프 상의 두 점 사이를 연결하는 경로 중 가장 짧은 경로를 찾는 절차를 말합니다.

우리는 집에서 학교에 갈 때도, 학교에서 학원을 갈 때도 굳이 먼 길로 돌아가지 않고 가장 빠른 길로 갑니다. 또한 새로운 곳에 갈 때도 지도나 앱을 활용하여 가장 빠른 길을 찾아 갑니다. 이렇듯 최단 경로 알고리즘은 우리 생활 중 알게 모르게 적용되고 있습니다.

최단 경로 알고리즘을 이용한 온라인 시스템도 흔히 찾아볼 수 있습니다.

가장 쉽게는 스마트폰의 지하철 앱을 떠올릴 수 있습니다. 예를 들어 서울역에서 강남역까지 가려고 할 때, 노선도를 직접 보고 경로를 설정하지 않아도 출발지와 목적지만 입력하면 최단 시간이 걸리는 경로를 알 수 있습니다. 이와 같은 것들은 모두 최단 경로 알고리즘을 이용한 것입니다.

3. 최단거리

캐나다 서부
Western Canada

캐나다 서부 셋째 날 DAY 3

무우와 친구들은 캐나다 서부 셋째 날, <캘거리>에 도착했어요. 무우와 친구들은 셋째 날에 <캘거리 타워>, <스티븐 애비뉴 워크>, <평화의 다리> 를 여행할 예정이에요. 무우와 친구들과 함께 수학 여행을 계속해 볼까요?

3 단원 살펴보기

최단거리

궁금해요 ?

무우와 친구들이 가장 빠르게 가는 방법을 찾아볼까요?

아래의 지도를 보고 무우와 친구들이 캘거리에서 스티븐 애비뉴 워크(S.E.W)까지 최단 거리로 갈 수 있는 가짓수를 구하세요.

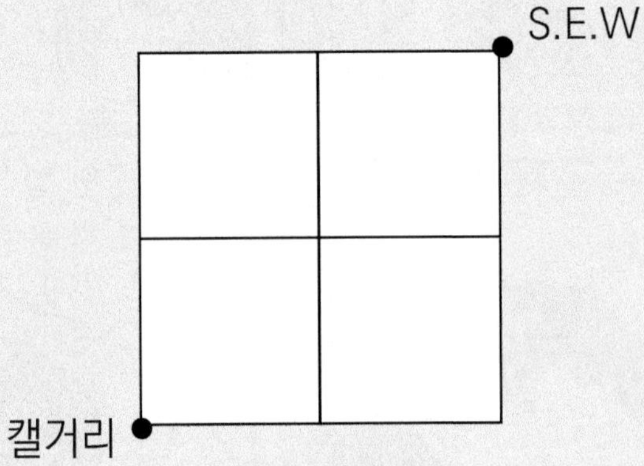

1 가장 빠른 길 찾기

1. A 지점에서 B 지점으로 갈 수 있는 서로 다른 경로의 가짓수는 2가지입니다. 이와 같이 동시에 일어나지 않는 여러 사건의 경우의 수를 합하여 총 경우의 수를 구하는 것을 합의 법칙이라고 합니다.

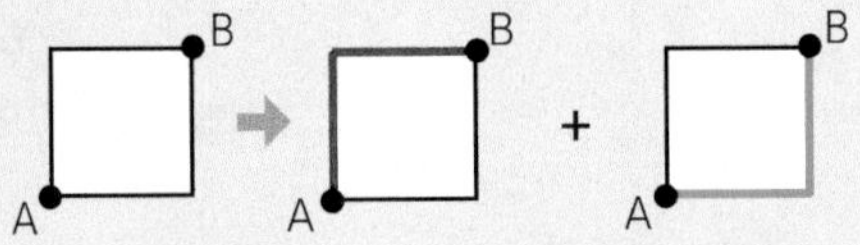

또한 다음과 같이 구할 수도 있습니다.

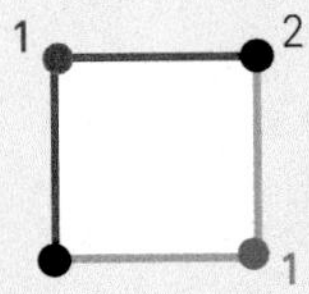

A에서 빨간색과 파란색 점까지 가는 방법은 각각 1가지입니다.
A에서 B로 가는 방법은 빨간색 점을 지나거나 파란색 점을 지나는 방법이 있으므로 1 + 1 = 2가지입니다.

2. A 지점에서 B 지점으로 갈 수 있는 서로 다른 경로의 가짓수는 3가지입니다.

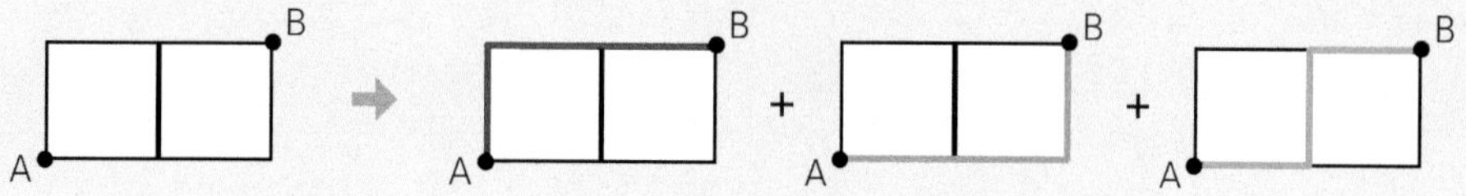

또한 다음과 같이 구할 수도 있습니다.

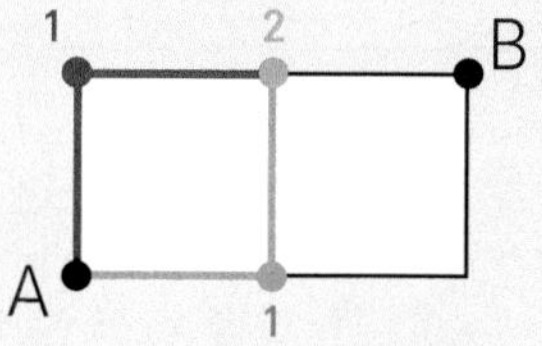

A에서 빨간색과 파란색 점까지 가는 방법은 각각 1가지입니다.
A에서 초록색 점까지 가는 방법은 빨간색 점을 지나거나 파란색 점을 지나는 방법이 있으므로
1 + 1 = 2가지입니다.

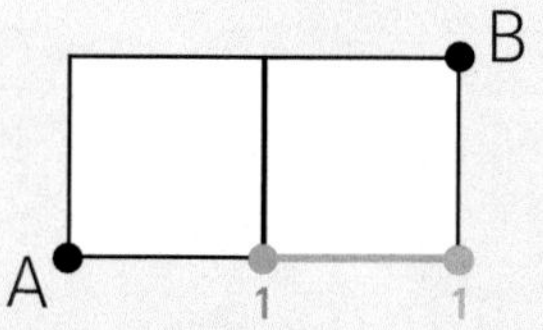

파란색 점에서 초록색 점까지 최단 경로로 가는 방법은 1가지입니다.
따라서 A에서 초록색 점까지 최단 경로로 가는 방법은 1가지입니다.

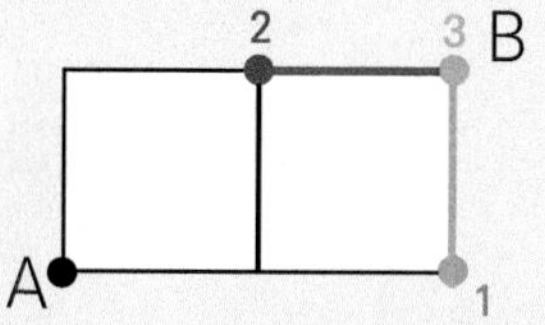

빨간색과 파란색 점에서 초록색 점까지 가는 방법은 각각 1가지입니다.
A에서 B(초록색 점)로 가는 방법은 빨간색 점을 지나거나 파란색 점을 지나는 방법이 있으므로 2 + 1 = 3가지입니다.

최단 거리를 구할 때는 위의 **1.**, **2.**에서처럼 출발점에서부터 각 꼭짓점에 이르는 길의 가짓수를 표시하며 나아갑니다. 먼저 출발점에서 최단 경로로 갈 수 있는 방법이 한 개 뿐인 꼭짓점에 1을 표시합니다. 그 다음 출발점에서 떨어져 있는 꼭짓점에도 알맞은 수를 표시합니다. 꼭짓점을 하나씩 나아갈 때마다 이전 꼭짓점에서의 가짓수들을 더하는 방식으로 구합니다.

정답

교차점이 여러 개인 그림에서 최단 경로의 가짓수를 구할 때는 아래 그림처럼 각 꼭짓점에 이르는 길의 수를 표시해 가는 방법으로 구합니다.

1. 먼저 출발점(캘거리)에서 최단 경로로 갈 수 있는 방법이 한 개 뿐인 꼭짓점에 숫자 1을 표시합니다.

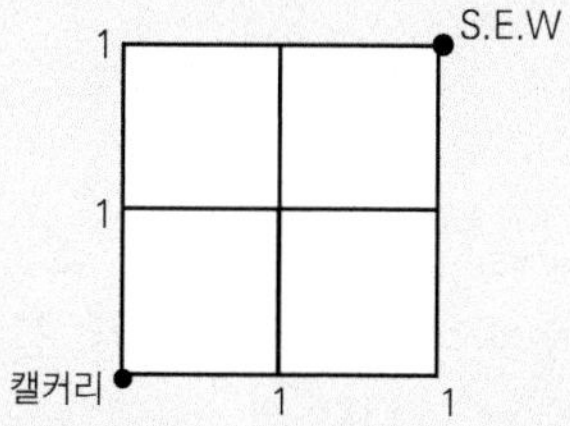

2. 그 다음 출발점에서 떨어져 있는 꼭짓점에도 알맞은 수를 표시합니다. 꼭짓점 옆에 표시할 숫자는 그 꼭짓점까지 가려면 반드시 직전에 거치게 되는 두 꼭짓점에 표시된 두 수를 더해 구합니다.

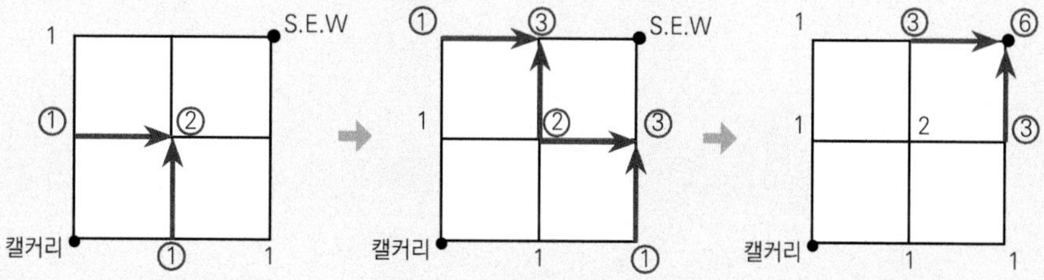

3. 따라서 **1.**, **2.**의 결과 캘거리에서 스티브 애비뉴 워크까지 최단 거리로 갈 수 있는 가짓수는 6가지입니다.

3 대표문제

1. 최단 거리 구하기

아래의 길의 모양을 참고해 무우와 친구들이 최단 거리로 레스토랑에 갈 수 있는 길의 가짓수를 구하세요.

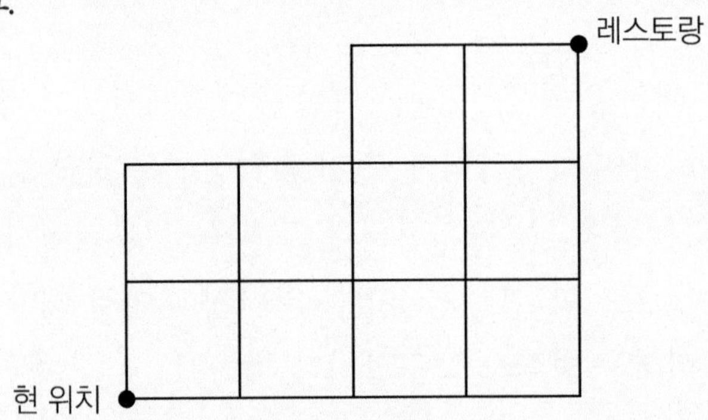

Step 1 출발점에서 최단 거리로 갈 수 있는 방법이 한 개 뿐인 꼭짓점을 찾고, 꼭짓점 옆에 숫자 1을 표시하세요.

Step 2 모든 꼭짓점에 대해 출발점에서 최단 거리로 갈 수 있는 길의 가짓수를 찾고, 꼭짓점 옆에 숫자를 표시하세요.

Step 3 무우와 친구들이 최단 거리로 레스토랑에 갈 수 있는 길의 가짓수를 구하세요.

풀이

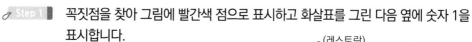

Step 1 꼭짓점을 찾아 그림에 빨간색 점으로 표시하고 화살표를 그린 다음 옆에 숫자 1을 표시합니다.

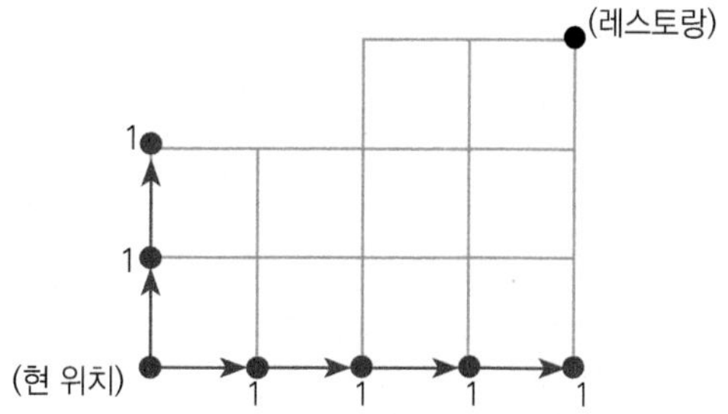

Step 2 꼭짓점 옆에 표시할 숫자는 그 꼭짓점까지 가려면 반드시 직전에 거치게 되는 두 꼭짓점에 표시된 두 수를 더해 구합니다.

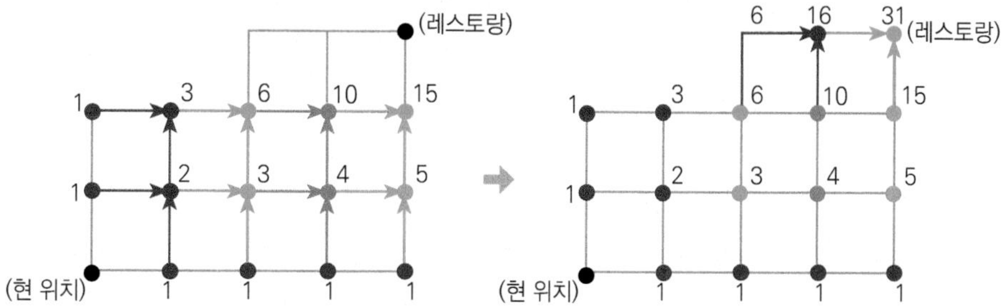

Step 3 따라서 무한이와 친구들이 최단 거리로 레스토랑에 갈 수 있는 가짓수는 31가지입니다.

정답 : 풀이 참고 / 풀이 참고 / 31가지

확인하기 1

그림을 보고 A 지점에서 B 지점까지 최단 거리로 갈 수 있는 길의 가짓수를 구하세요.

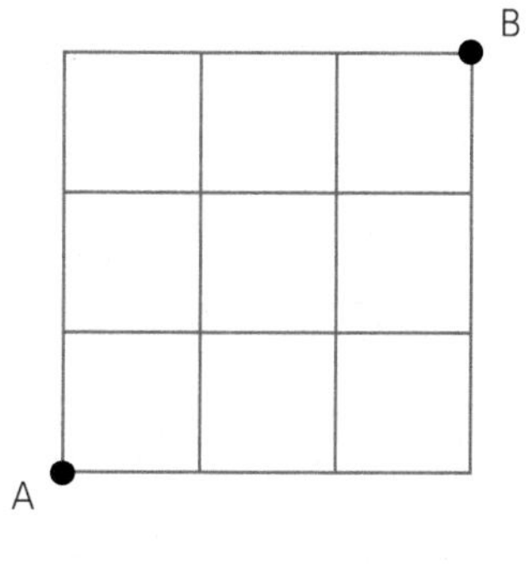

확인하기 2

그림을 보고 A 지점에서 B 지점까지 최단 거리로 갈 수 있는 길의 가짓수를 구하세요.

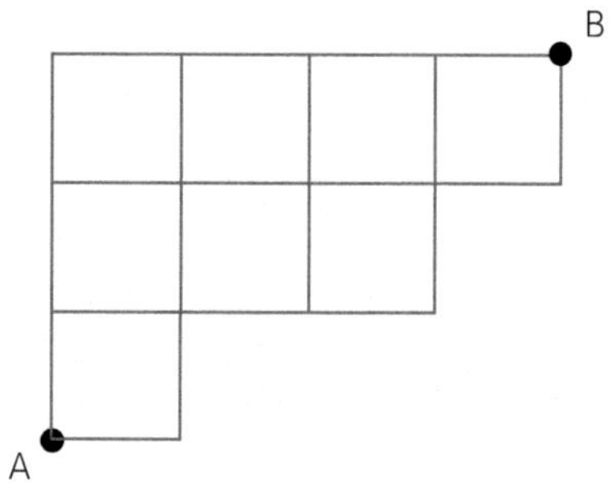

3 대표문제

2. 경유지가 있는 최단 거리 구하기

길의 모양을 참고해 무한이와 친구들이 현위치에서 평화의 다리를 거쳐 카페까지 최단 거리로 가는 길의 가짓수는 모두 몇 가지인지 구하세요.

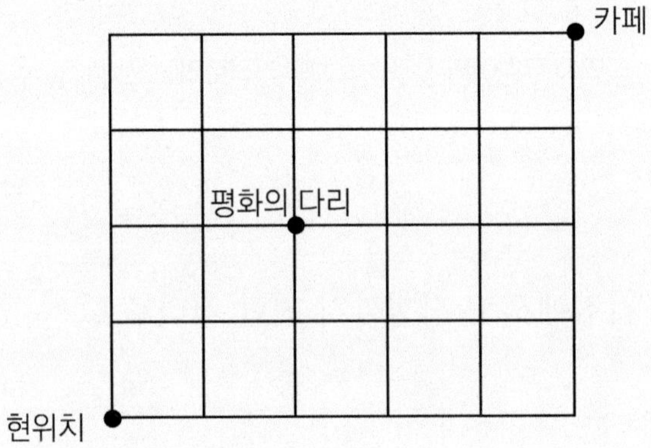

Step 1 현위치에서 평화의 다리까지 최단 거리로 가는 길의 가짓수를 구하세요.

Step 2 평화의 다리에서 카페까지 최단 거리로 가는 길의 가짓수를 구하세요.

Step 3 현위치에서 평화의 다리를 거쳐 카페까지 최단 거리로 가는 길의 가짓수를 구하세요.

풀이

Step 1 현위치에서 최단 경로로 갈 수 있는 방법이 한 개 뿐인 꼭짓점에 숫자 1을 표시하고, 합의 법칙을 이용해 가짓수를 더해가며 나머지 꼭짓점에 표시될 숫자를 구합니다.

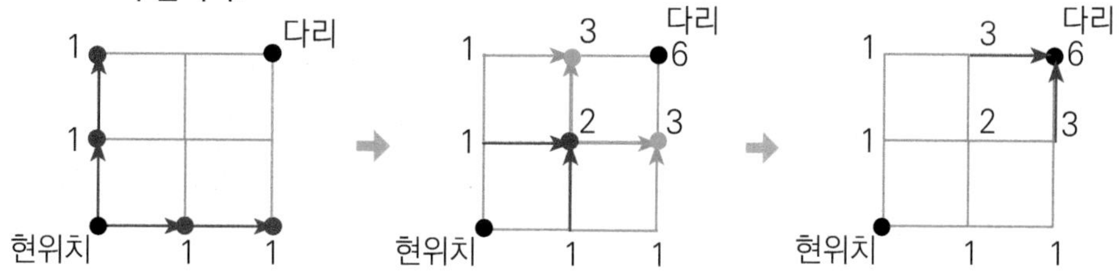

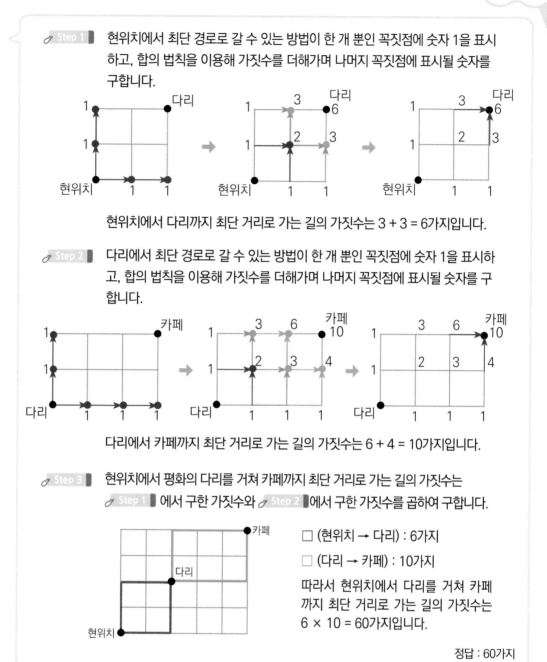

현위치에서 다리까지 최단 거리로 가는 길의 가짓수는 3 + 3 = 6가지입니다.

Step 2 다리에서 최단 경로로 갈 수 있는 방법이 한 개 뿐인 꼭짓점에 숫자 1을 표시하고, 합의 법칙을 이용해 가짓수를 더해가며 나머지 꼭짓점에 표시될 숫자를 구합니다.

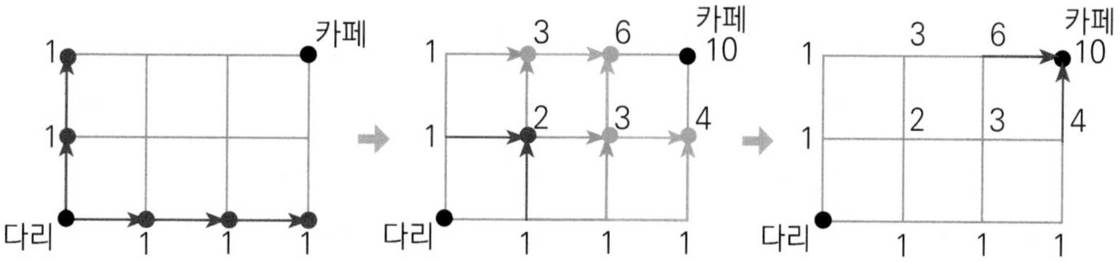

다리에서 카페까지 최단 거리로 가는 길의 가짓수는 6 + 4 = 10가지입니다.

Step 3 현위치에서 평화의 다리를 거쳐 카페까지 최단 거리로 가는 길의 가짓수는 Step 1 에서 구한 가짓수와 Step 2 에서 구한 가짓수를 곱하여 구합니다.

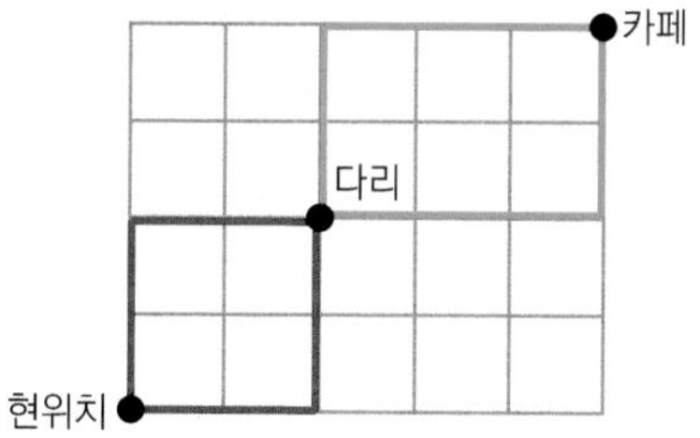

□ (현위치 → 다리) : 6가지

□ (다리 → 카페) : 10가지

따라서 현위치에서 다리를 거쳐 카페까지 최단 거리로 가는 길의 가짓수는 6 × 10 = 60가지입니다.

정답 : 60가지

확인하기

그림을 참고해 집에서 서점에 들렀다가 학교까지 최단 거리로 가는 길의 가짓수를 구하세요.

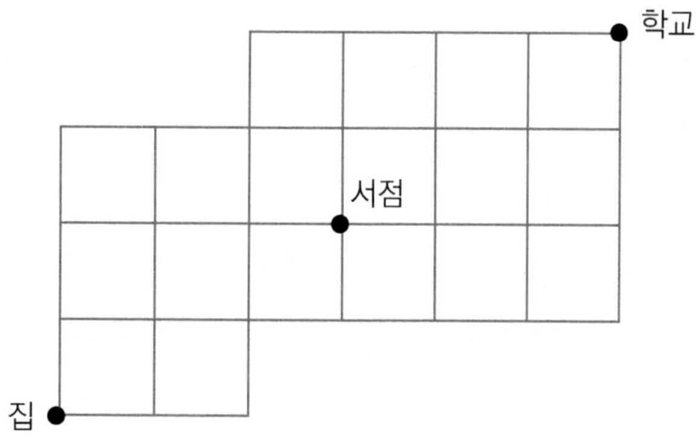

3 연습문제

01 그림을 보고 A에서 B까지 최단 거리로 갈 수 있는 길의 가짓수를 구하세요.

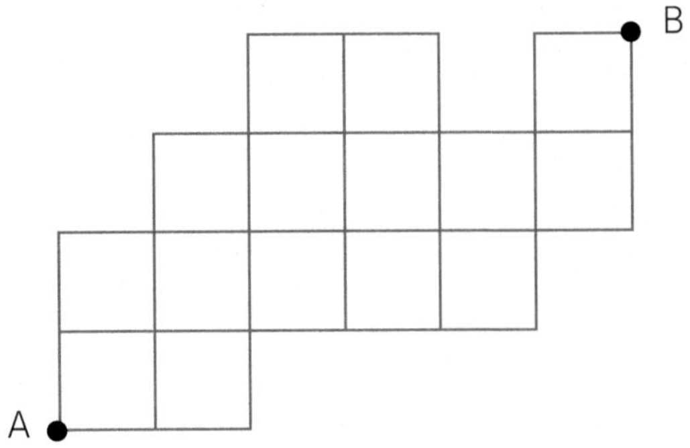

02 그림을 보고 가에서 나까지 최단 거리로 갈 수 있는 길의 가짓수를 구하세요.

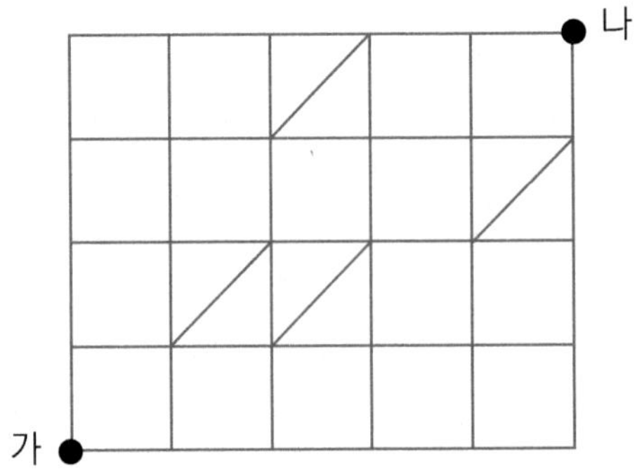

03 오늘은 상상이의 생일파티가 열리는 날입니다. 무한이는 빵집에 들러 케이크를 사서 상상이네 집으로 가려고 합니다. 아래의 지도를 참고해 무한이가 집에서 출발해 빵집을 들러 상상이네 집까지 최단 거리로 갈 수 있는 길의 가짓수를 구하세요.

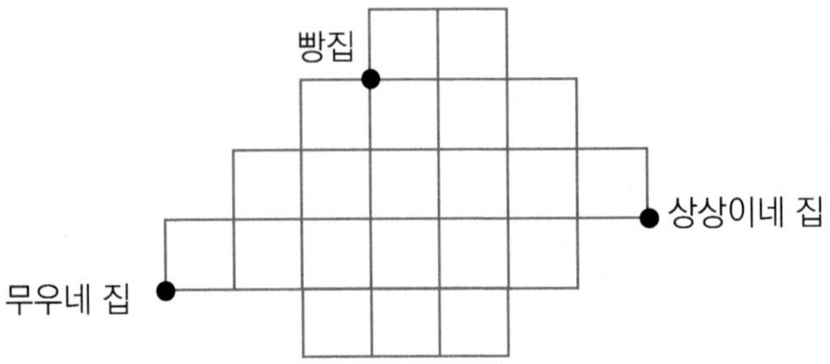

04 아래는 지연이네 마을 골목길을 나타낸 것입니다. 지연이가 집에서부터 공사 중인 곳을 피해 백화점으로 가는 최단 경로의 가짓수를 구하세요.

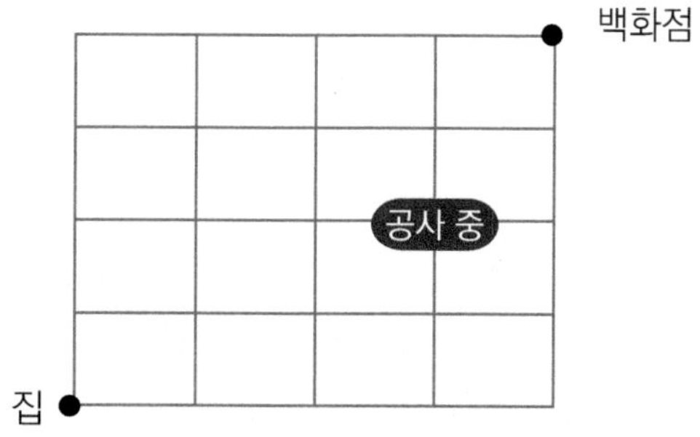

05 한 건물의 내부 모습을 나타낸 것입니다. 입구에서 출구로 가는 최단 경로의 가짓수를 구하세요.

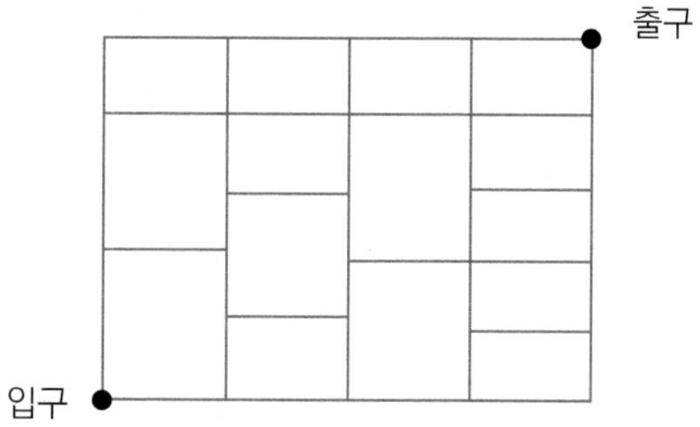

06 수정이네 마을 지도를 간략하게 나타낸 것입니다. 최근 폭우로 인해 물이 고여있는 몇몇 길은 지나갈 수 없다고 합니다. 수정이가 집에서부터 물이 넘친 길을 피해 학교로 가는 최단 경로의 가짓수를 구하세요.

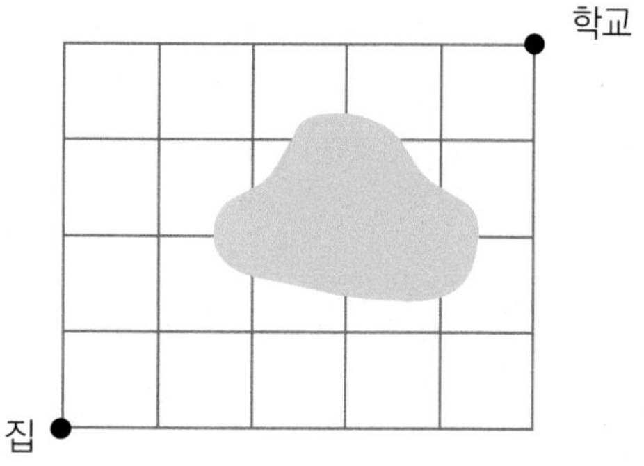

3 연습문제

07 그림을 보고 A에서 B까지 최단 거리로 갈 수 있는 길의 가짓수를 구하세요. (단, 빨간색 화살표가 있는 곳은 그 방향으로만 이동이 가능합니다.)

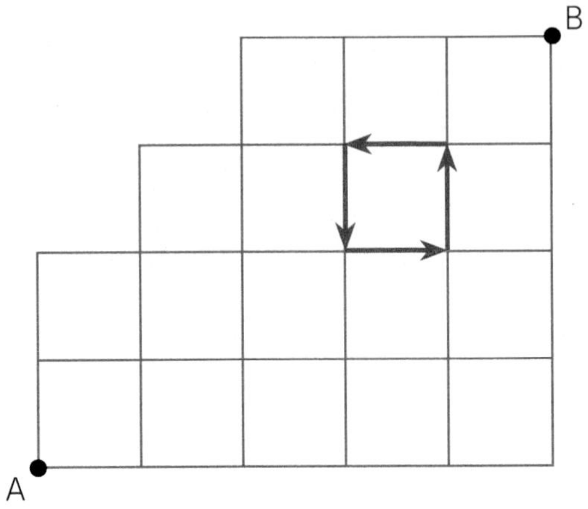

08 어느 도서관의 내부 중 한 층의 모습을 그림으로 나타낸 것입니다. 소영이는 어린이 자료실에서 비디오 자료실로 길을 따라 가려고 합니다. 소영이가 어린이 자료실에서 비디오 자료실까지 최단 경로로 갈 수 있는 길의 가짓수를 구하세요.

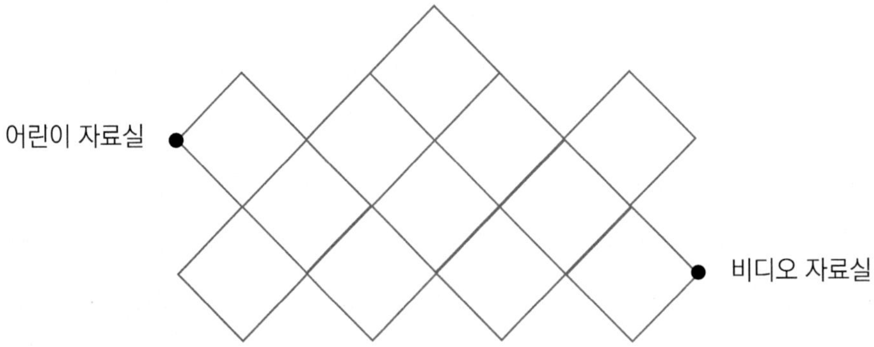

정답 및 풀이 P.16

09 상준이네 집에서 학원까지의 경로를 그림으로 나타냈습니다. 상준이가 학원에 가기 전 서점에 들려야 한다고 할 때, 집에서부터 서점을 들러 학원에 가는 최단 경로의 가짓수를 구하세요.

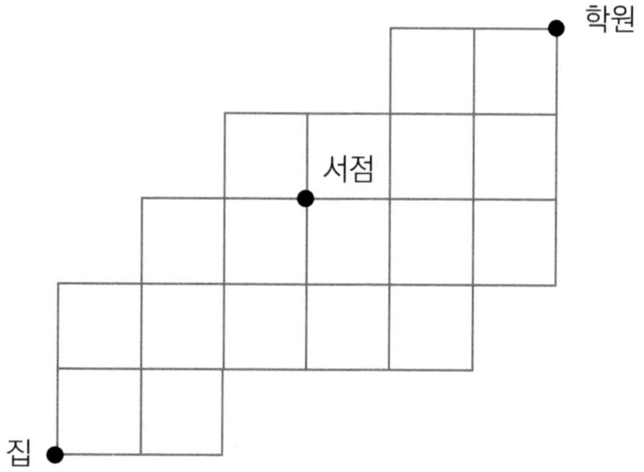

10 아래는 한 백화점의 푸드코트에 붙어 있는 비상구 안내도를 (선은 길에 해당합니다.) 간단하게 나타낸 것입니다. 만약 비상 상황이 생겨 탈출해야 하는 상황이 생겼을 때, 푸드코트에서 비상구까지 최단 경로로 갈 수 있는 길의 가짓수를 구하세요.

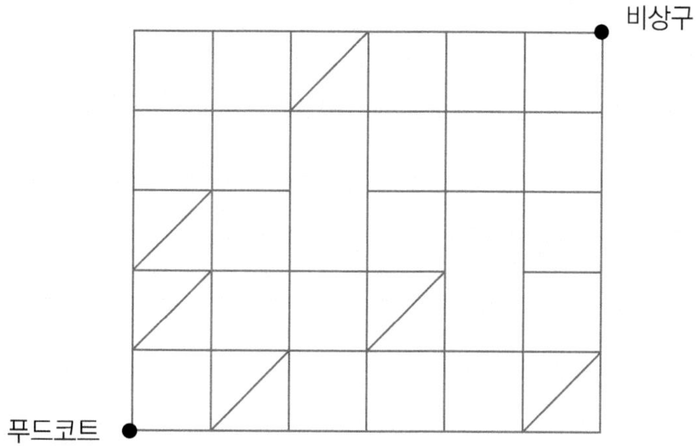

3 심화문제

01 한 박물관 내부의 경로를 그림으로 나타낸 것입니다. 박물관 입구에서부터 출구까지 최단 거리로 갈 수 있는 경로의 가짓수를 구하세요.

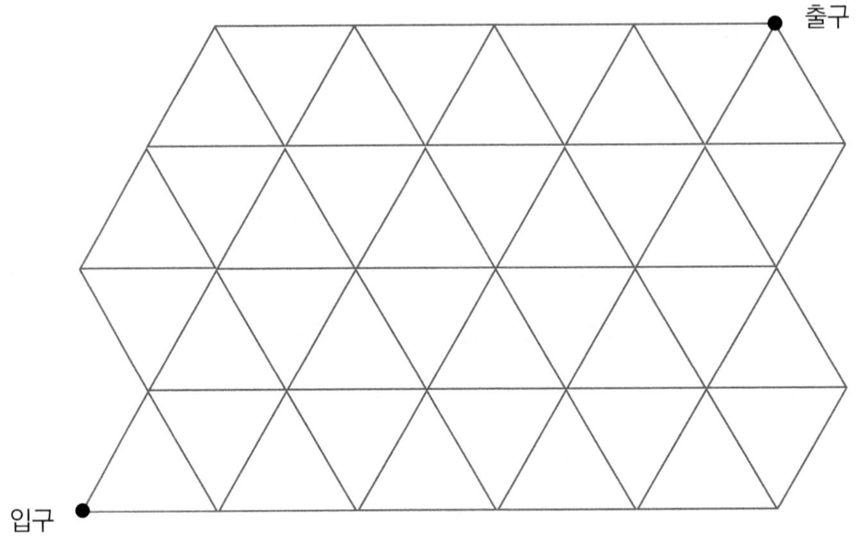

정답 및 풀이 P.18

02 아래는 상상이네 마을 지도를 간략하게 나타낸 것입니다. 얼마전 마을의 하수도관이 터져 물이 넘친 몇몇 길로는 지나갈 수 없다고 합니다. 상상이가 집에서부터 물이 넘친 길을 피해 마트에 들렀다가 알알이네 집으로 가는 최단 경로의 가짓수를 구하세요.

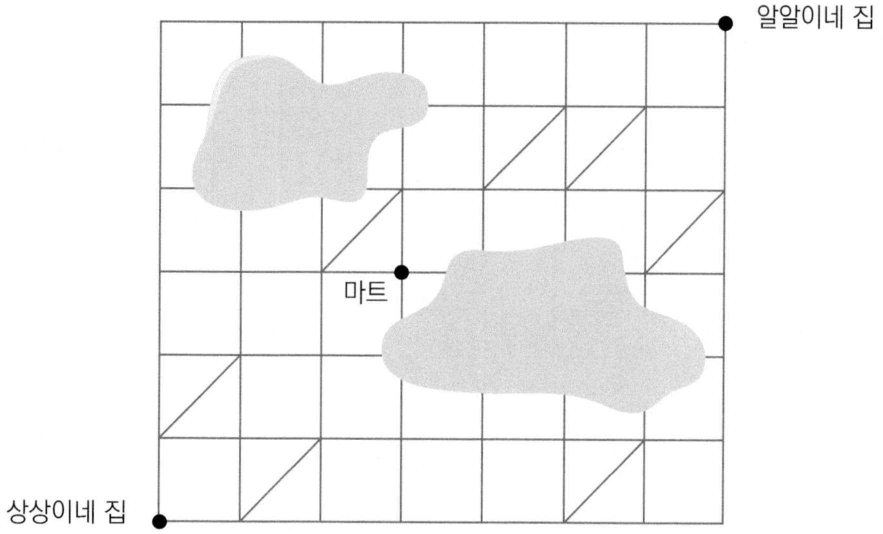

3 심화문제

03 그림을 보고 A에서 B까지 최단 거리로 갈 수 있는 길의 가짓수를 구하세요.

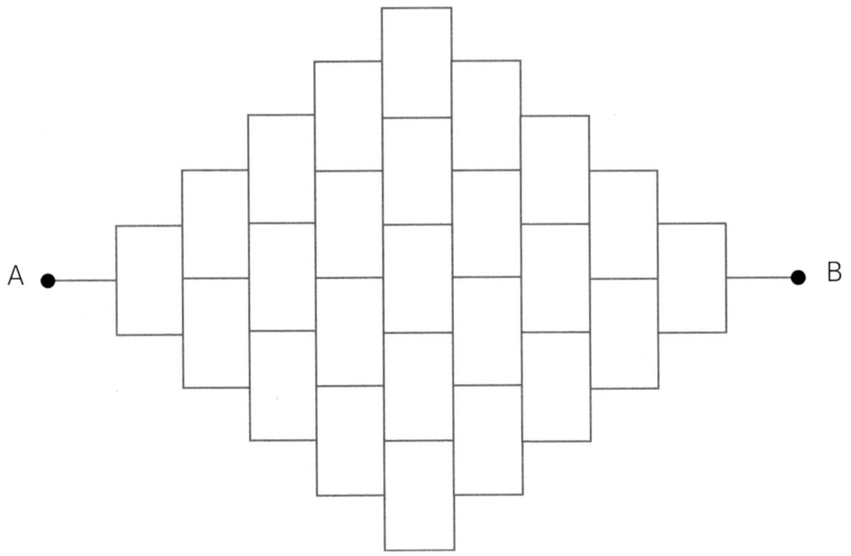

정답 및 풀이 P.19

04 벌집 모양의 길이 있습니다. A에서 B까지 최단 거리로 갈 수 있는 길의 가짓수를 구하세요.

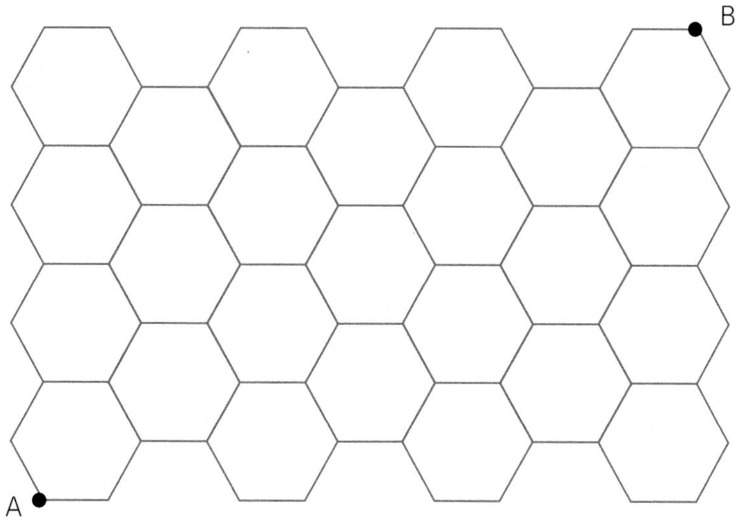

3 창의적문제해결수학

01 일부 도로의 통행 방향이 정해져 있는 길이 있습니다. A에서 B까지 최단 거리로 갈 수 있는 길의 가짓수를 구하세요.

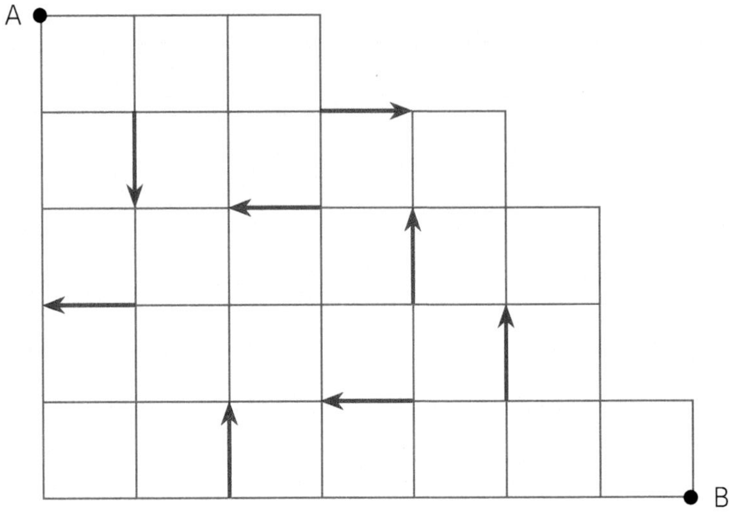

02
창의융합문제

아래의 그림은 무우와 친구들이 버스정류장으로 가는 길을 간단하게 나타낸 것입니다. 그림을 참고해 무우와 친구들이 현위치에서 버스정류장까지 최단 거리로 갈 수 있는 길의 가짓수를 구하세요. (단, ×로 표시된 지점은 공사중이므로 지나갈 수 없습니다.)

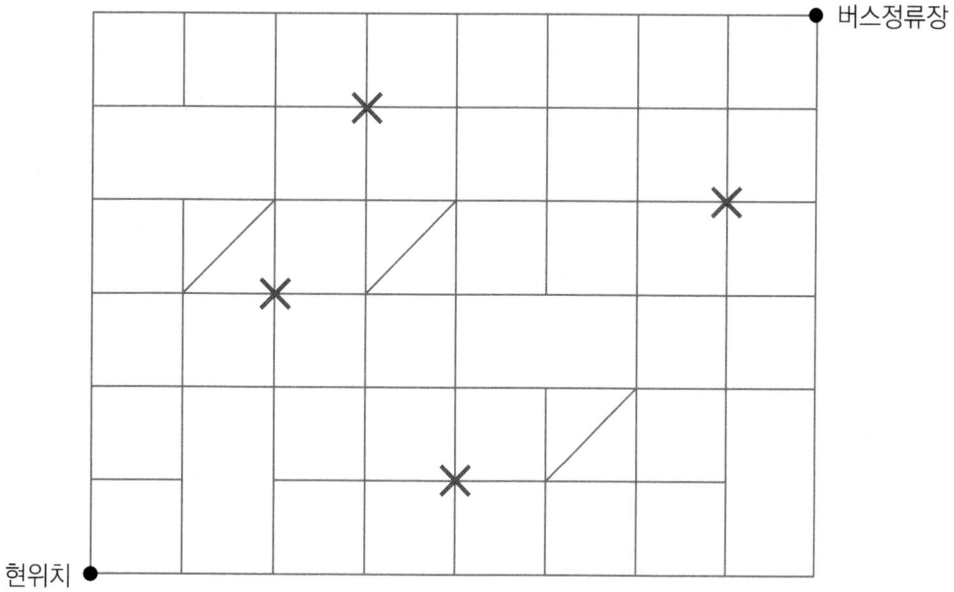

캐나다 서부에서 셋째 날 모든 문제 끝!
밴프로 이동하는 무우와 친구들에게 어떤 일이 일어날까요?

다트 게임?

다트 게임이란 다트핀으로 다트판의 과녁을 맞추는 실내 스포츠입니다. 다트 게임에는 단순히 점수가 더 높은 사람이 이기는 것 말고도 다양한 종류가 있습니다.

▶ 카운트업(Count- Up) : 가장 기본이 되는 게임으로 총 8라운드를 진행하며 더 높은 점수를 얻은 사람이 승리합니다.

▶ 제로원(Zero One) : 주어진 점수를 정해진 라운드 안에 먼저 0점으로 만드는 사람이 승리합니다. 주어지는 점수로는 301, 501, 701 등이 있고 보통 501게임이 가장 대중적입니다. 만약, 마지막에 남은 점수보다 높은 점수를 맞추게 되면 이전 라운드 점수부터 다시 시작합니다.

▲ 다트판

▶ 크리켓(Cricket) : 크리켓 게임은 15~20까지의 6개 숫자와 Bull만을 가지고 게임을 진행 합니다. 총 7개의 구역을 쟁탈하는 전략 게임입니다. 각 구역의 숫자를 내 땅으로 만들고, 그를 이용해 점수를 내며 상대방이 점수 내는 것을 방해하는 게임입니다. 총 15라운드로 진행되며 점수가 높은 팀이 승리합니다.

4. 만들 수 있는, 없는 수

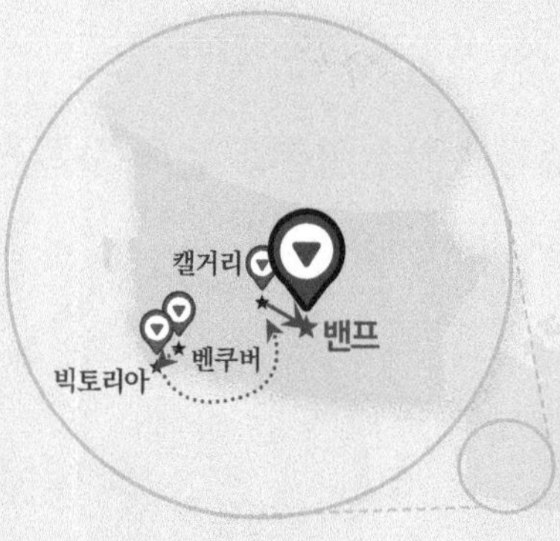

캐나다 서부 Western Canada

캐나다 서부 넷째 날 DAY 4

무우와 친구들은 캐나다 서부 여행 넷째 날, <밴프>에 도착했어요. 무우와 친구들은 <밴프 애비뉴>, <미네완카 호수>를 여행할 예정이에요.
자, 그럼 <밴프 애비뉴> 에서 기다리는 수학문제들을 만나러 가볼까요?

4 단원 살펴보기

만들 수 있는, 없는 수

궁금해요 ?

밴프 애비뉴
밴프 애비뉴는 밴프 타운의 중심 거리야.
거리 곳곳에 레스토랑, 카페, 기념품 상점들이 있네!
와~!
어서 구경하자~
우리도 저 기념품 가게에 들러서 기념품을 사볼까?
좋아! 가지고 있는 동전과 지폐를 확인해 보자.
얼마일까?

무우와 친구들은 기념품을 얼마나 살 수 있을까요?

기념품의 가격이 2달러라고 할 때, 아래의 내용을 참고해 무우가 기념품 가격을 지불할 수 있는 방법의 가짓수를 모두 구하세요. (단, 100센트는 1달러 입니다.)

〈무우가 가진 돈〉

5센트 동전 5개　　10센트 동전 6개
25센트 동전 5개　　1달러 지폐 2장

1 만들 수 있는 수

우리는 살아가면서 원하는 값, 또는 수치를 만들기 위해 노력합니다. 예를 들어, 5000원짜리 물건을 사려고 하는데 가진 돈이 4500원이라고 가정해 봅시다. 물건을 사기 위해서 500원이 필요하고 500원을 채울 수 있는 방법은 여러 가지가 있습니다. 500원짜리 동전 하나를 가져오는 것, 100원짜리 동전 5개를 가져오는 것, 100원짜리 4개와 50원짜리 2개를 가져오는 것 등… 단순히 모자란 500원을 채우는 방법만으로도 여러 가지의 가짓수가 존재합니다.

예시문제 1 초록색 영역은 5점, 노란색 영역은 10점, 빨간색 영역은 15점이라고 할 때, 다트판에 다트를 여러 번 던져 20점을 만드는 방법은 모두 몇 가지일까요?

풀이

15점	10점	5점
1	0	1
0	2	0
0	1	2
0	0	4

왼쪽 표와 같이 4가지 방법이 존재합니다.

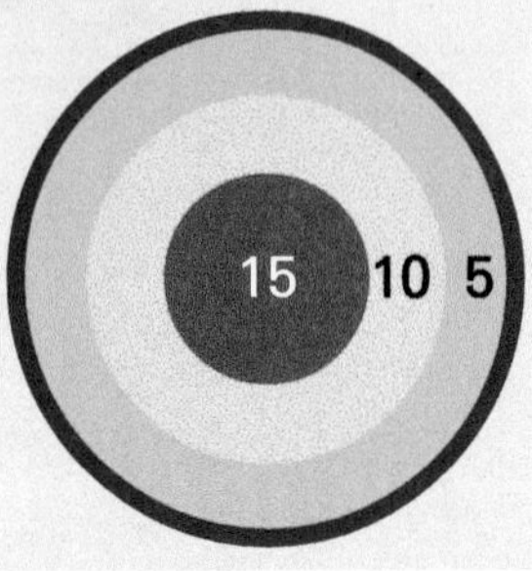
15
10
5

예시문제 2 **10원짜리 동전 5개, 50원짜리 동전 4개, 100원짜리 동전 2개를 이용해 200원을 만드는 방법은 모두 몇 가지 일까요? (단, 모든 동전을 이용하지 않아도 됩니다.)**

풀이

100원	50원	10원
2	0	0
1	2	0
1	1	5
0	4	0
0	3	5

왼쪽 표와 같이
5가지 방법이 존재합니다.

2 만들 수 없는 수

또한, 우리는 주어진 숫자만으로는 특정한 수를 만들 수 없기도 합니다. 예를 들어, 4L와 7L의 물이 담겨 있는 물통 여러 개가 있습니다. 물통에 담긴 물들을 서로 옮겨담는 것 없이 그대로 큰 수조에 담는다고 할 때, 큰 수조에 정확히 13L의 물을 담을 수 있을까요

정답은 "없다" 입니다. 하지만 8L, 11L, 14L…와 같이 4와 7의 조합으로 나올 수 있는 수치의 물은 정확히 담을 수 있습니다.

예시문제 **2원짜리 우표와 5원짜리 우표를 사용하여 만들 수 없는 금액은 모두 몇 가지 일까요?**

풀이 두 종류의 우표 중 더 낮은 금액인 2원짜리 우표의 나머지를 이용해 풀이합니다. 어떤 수를 2로 나누었을 때 나머지로 가능한 수는 0, 1 두 개입니다. 이 두 가지 경우에 따라 숫자들을 분류하면 반복해서 계속 나오게 되는 수들은 무시할 수 있고 어떠한 조합으로도 나오지 않는 수들을 찾을 수 있습니다.

나머지가 0인 수	2, 4, 6, 8, 10, 12, 14 …
나머지가 1인 수	①, ③, 5, 7, 9, 11, 13, 15 …

나올 수 없는 조합에 ○합니다.
따라서 정답은 2가지입니다.

정답

표를 이용해 무우가 2달러를 지불할 수 있는 방법의 가짓수를 구합니다.

1달러	25센트	10센트	5센트
2	0	0	0
1	4	0	0
1	3	2	1
1	3	1	3
1	3	0	5
1	2	5	0
1	2	4	2

1달러	25센트	10센트	5센트
1	2	3	4
1	1	6	3
1	1	5	5
0	5	6	3
0	5	5	5

따라서 무우가 기념품 가격을 2달러로 지불할 수 있는 방법의 가짓수는 모두 12가지입니다.

4 대표문제

1. 점수 만들기

돌림판의 내용과 규칙이 아래와 같을 때, 무우가 돌림판을 여러 번 돌려 100점을 받을 수 있는 방법은 모두 몇 가지인지 구하세요.

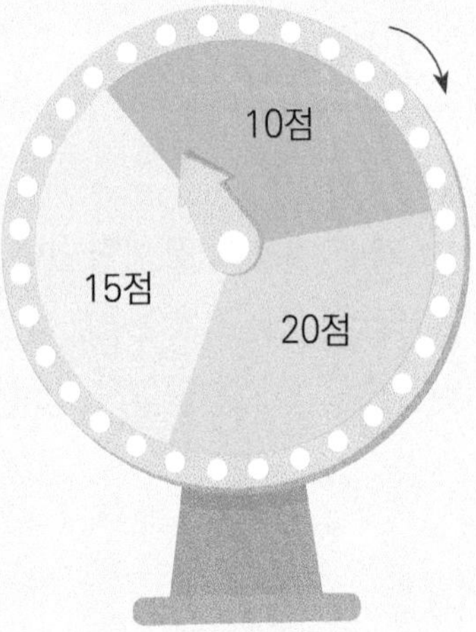

규칙

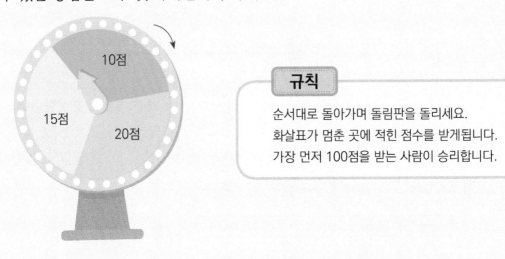

순서대로 돌아가며 돌림판을 돌리세요.
화살표가 멈춘 곳에 적힌 점수를 받게됩니다.
가장 먼저 100점을 받는 사람이 승리합니다.

Step 1 100이하인 10의 배수, 15의 배수, 20의 배수를 모두 구하세요.

Step 2 무우가 돌림판을 여러번 돌려 100점을 받을 수 있는 방법은 모두 몇 가지인지 구하세요.

풀이

Step 1 100 이하의 10의 배수는 10, 20, 30, 40, 50, 60, 70, 80, 90 ,100
100 이하의 15의 배수는 15, 30, 45, 60, 75, 90
100 이하의 20의 배수는 20, 40, 60, 80, 100 입니다.

Step 2 표를 이용해 100점을 받을 수 있는 모든 가짓수를 구합니다.

20점	15점	10점
5	0	0
4	0	2
3	0	4
2	4	0

20점	15점	10점
2	2	3
2	0	6
1	4	2
1	2	5
1	0	8

20점	15점	10점
0	6	1
0	4	4
0	2	7
0	0	10

20점 1~4번인 20, 40, 60, 80점과 15점 2번인 30점은 다른 점수판으로 대체할 수 있습니다. 이것을 이용해 가짓수를 구하면 100점을 받을 수 있는 모든 가짓수는 모두 8가지입니다.

정답 : 풀이 참고 / 8가지

확인하기 1

빨간색 영역은 8점, 노란색 영역은 4점의 점수를 얻을 수 있는 다트판이 있습니다. 다트를 여러 번 던져 60점을 만드는 방법은 모두 몇 가지인지 구하세요.

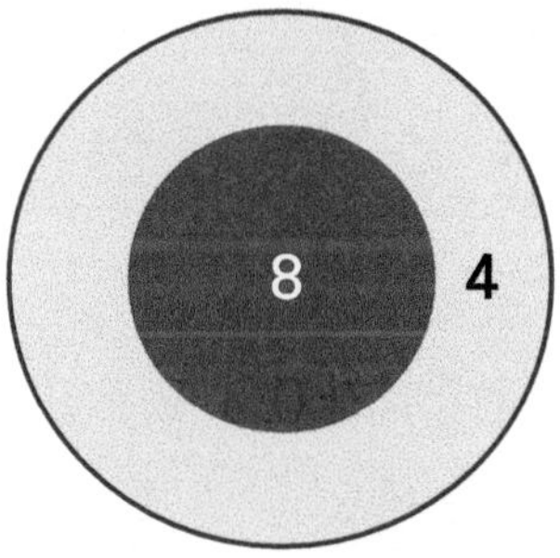

확인하기 2

빨간색 영역은 8점, 노란색 영역은 5점, 초록색 영역은 2점을 얻을 수 있는 다트판이 있습니다. 다트를 여러 번 던져 30점을 만드는 방법은 모두 몇 가지인지 구하세요.

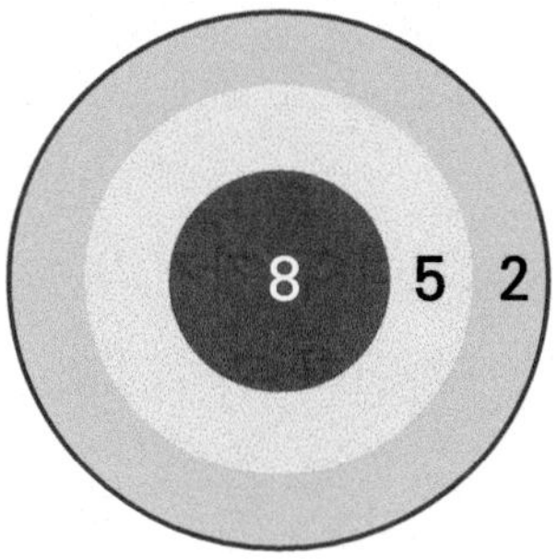

4 대표문제

2. 지불할 수 없는 금액

4원짜리와 7원짜리 두 종류의 우표가 있습니다. 이 두 우표를 사용하여 만들 수 없는 금액은 모두 몇 가지인지 구하세요. (단, 각 우표의 개수는 제한이 없습니다.)

Step 1 아래 표에 4로 나눈 나머지가 0, 1, 2, 3인 수들을 5개 이상 구하고 그 중 가장 먼저 배열 된 7의 배수를 찾으세요.

나머지가 0인 수	
나머지가 1인 수	
나머지가 2인 수	
나머지가 3인 수	

Step 2 **Step 1** 의 표를 참고하여 두 가지의 우표를 이용해서는 어떤 경우에도 만들 수 없는 금액은 모두 몇 가지인지 구하세요.

Step 1

나머지가 0인 수	4, 8, 12, 16, 20, 24, …
나머지가 1인 수	1, 5, 9, 13, 17, 21, …
나머지가 2인 수	2, 6, 10, 14, 18, 22, …
나머지가 3인 수	3, 7, 11, 15, 19, 23, …

Step 2 이러한 유형의 문제는 두 종류의 우표 중 더 낮은 가격인 4원짜리 우표의 나머지를 이용해 풀이합니다. 어떤 수를 4로 나누었을 때 나머지로 가능한 수는 0, 1, 2, 3 네 개입니다. 이 네 가지 경우에 따라 숫자들을 분류하면 두 우표의 조합으로 가능한 숫자들이 반복해서 계속 나오게 되거나 두 우표의 조합으로는 절대 나오지 않는 수들을 찾을 수 있습니다.

1. 먼저 나머지가 0인 수들은 4원짜리 우표만을 사용하면 모든 수를 만들 수 있습니다.
2. 그 다음으로 나머지가 1인 수 중 가장 먼저 배열 된 7의 배수를 찾습니다. 숫자 21을 찾을 수 있고, 21 이후의 수들은 21에다가 4의 배수를 더하면 모든 수를 만들 수 있습니다. 따라서 나머지가 1인 수들 중 만들 수 없는 수는 1, 5, 9, 13, 17입니다.
3. 같은 방식으로 나머지가 2인 수와 3인 수에서도 만들 수 없는 수를 찾아 줍니다. 나머지가 2인 수에서는 2, 6, 10을 나머지가 3인 수에서는 3을 만들 수 없습니다.

따라서 4원짜리와 7원짜리 두 종류의 우표를 사용하여 만들 수 없는 금액은 모두 1, 2, 3, 5, 6, 9, 10, 13,17로 9가지입니다.

정답 : 9가지

확인하기 1

2점짜리 문제와 5점짜리 문제들을 맞추어 받을 수 없는 점수는 모두 몇 가지인지 구하세요.

확인하기 2

3원짜리 우표와 4원짜리 우표를 사용하여 만들 수 없는 금액은 모두 몇 가지인지 구하세요.

4 연습문제

01 빨간색 영역은 10점, 노란색 영역은 8점, 초록색 영역은 5점이라고 할 때, 다혜가 여러 개의 다트를 던져 80점을 받을 수 있는 방법은 모두 몇 가지인지 구하세요.

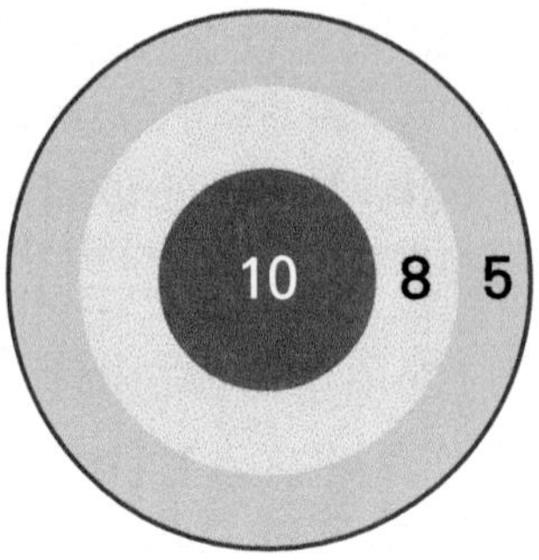

02 승우는 600원짜리 지우개, 1000원짜리 샤프, 1200원짜리 볼펜 중 무작위로 여러 개씩 6000원 어치를 고른 후 하나로 포장해 친구들에게 선물하려고 합니다. 승우가 6000원에 해당하는 필기구들을 고를 수 있는 방법은 모두 몇 가지인지 구하세요.

03 무우는 12cm의 막대를, 상상이는 15cm의 막대를 각각 여러 개씩 가지고 있습니다. 무우와 상상이가 가진 막대를 이용해 3m 길이를 잴 수 있는 방법은 모두 몇 가지인지 구하세요.(단, 막대는 가로로 겹쳐서 사용하지 않습니다.)

정답 및 풀이 P.22

04 시연이네 수학 학원에서 달란트 시장이 열렸습니다. 달란트는 4달란트와 9달란트 두 가지가 있습니다. 그런데, 아무리 달란트를 열심히 모은 친구도 구매할 수 없는 물건이 있었습니다. 물건을 사기 위해서 정확히 그 값의 달란트를 지불해야 한다고 할 때, 다음 중 아무도 구입할 수 없었던 물건은 무엇인지 찾으세요.

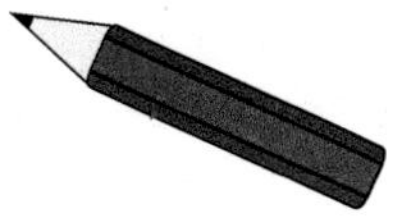

연필
17달란트

리본 머리핀
31달란트

인형
23달란트

05 무우는 3800원짜리 물건을 구매하면서 오천원짜리 지폐를 냈습니다. 거스름돈으로 500원 동전 100원 동전 50원 동전을 합해 12개의 동전을 받았다고 할 때, 50원짜리 동전은 모두 몇 개인지 구하세요.

06 아래와 같이 숫자 3과 5가 적힌 숫자 카드가 여러 장씩 있습니다. 이 중 몇 장을 뽑아 뽑힌 카드에 적힌 숫자를 모두 더한다고 할 때, 나올 수 없는 값은 모두 몇 가지 일까요?

4 연습문제

07 빨간색 영역은 8점, 노란색 영역은 5점, 초록색 영역은 3점, 파란색 영역은 2점의 점수를 얻을 수 잇는 다트판이 있습니다. 총 3번의 다트를 던져 모두 맞혔을 때, 나올 수 있는 점수는 모두 몇 가지인지 구하세요.

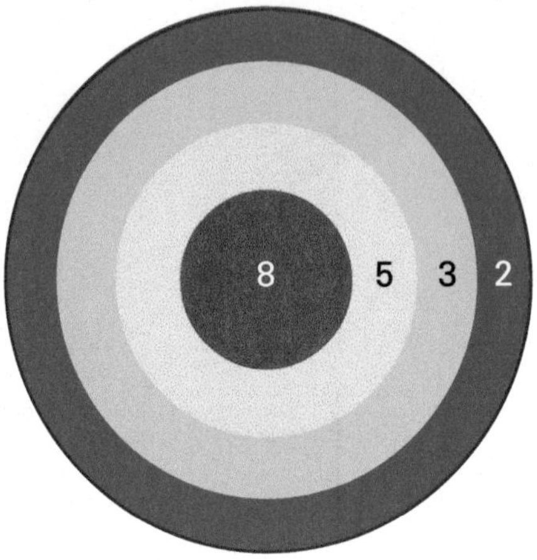

08 무우는 20g, 50g, 80g짜리 추를 여러 개씩 가지고 있습니다. 양팔 저울과 세 종류의 추를 이용해 고기 한 근(600g)의 무게를 잴 수 있는 방법은 모두 몇 가지인지 구하세요. (단 , 추는 한쪽에만 놓습니다.)

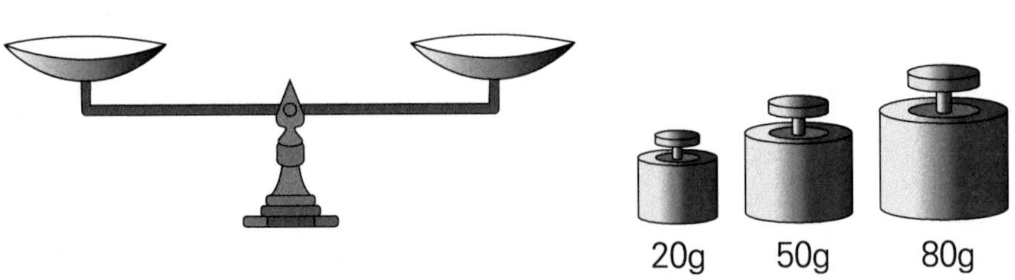

정답 및 풀이 P.24

09 무우는 크리스마스날 길을 걷던 중 불우이웃 돕기 성금을 하고 있는 구세군을 만났습니다. 무우는 기부를 하기 위해 주머니를 뒤져 보았습니다. 주머니에는 100원짜리 동전 2개, 500원짜리 동전 1개, 1000원 지폐가 3장 있었습니다. 무우가 기부할 수 있는 금액의 가짓수는 모두 몇 가지인지 구하세요.

10 빨간색 영역은 8점, 노란색 영역은 5점, 초록색 영역은 4점의 점수를 얻을 수 있는 다트판이 있습니다. 주어진 다트의 개수에는 제한이 없다고 할 때, 다트를 여러 번 던지더라도 받을 수 없는 점수는 모두 몇 가지인지 구하세요.

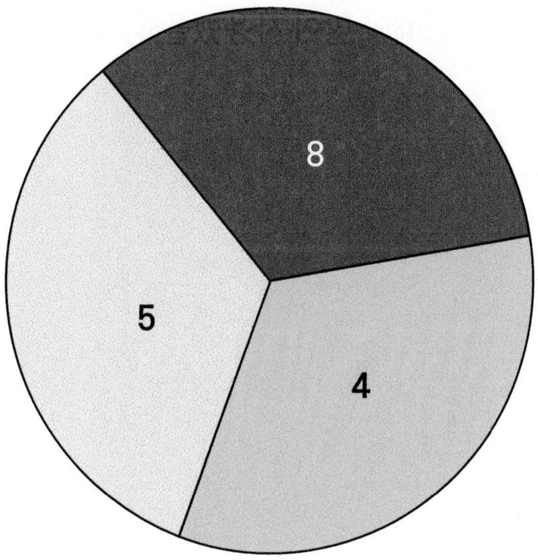

4 심화문제

01 무우와 친구들은 지난주에 열린 수학경시대회 결과에 대해 이야기 하고 있습니다. 수학경시대회 문제로는 5점짜리 문항과 8점짜리 문항만 있다고 할 때, 아래의 대화를 보고 거짓말을 하고 있는 친구는 누구인지 찾으세요. (단, 부분 점수는 없습니다.)

무우 : 나는 지난번보다 조금 올라 42점을 맞았어.

상상 : 나는 지난번보다 떨어진 39점을 맞았어.

제이 : 나는 실수를 많이 해서 27점을 맞았어.

알알 : 나는 지난번과 비슷하게 44점을 맞았어.

02 상상이는 80원, 120원, 150원짜리 우표를 여러 개씩 가지고 있습니다. 상상이는 가지고 있는 우표들을 이용해 1800원의 우송비가 필요한 우편물을 보내려고 합니다. 반드시 세 종류의 우표를 각각 한 장 이상 사용해야 한다고 할 때, 상상이가 우표의 개수를 가장 적게 사용했을 때와 많이 사용했을 때 각각 몇 개의 우표를 사용했는지 구하세요.

03 모양과 크기가 같은 네 가지 색의 컵이 3개씩 총 12개가 있습니다. 이 12개의 컵을 이용해 공던지기 게임을 하려고 합니다. 일단 순서에 상관없이 일렬로 12개 컵을 세워 놓고, 1m 떨어진 곳에서 공을 던져 공이 컵 안으로 들어가면 점수를 얻는 게임입니다. 각 컵의 색깔별로 얻을 수 있는 점수가 다르다고 할 때, 4개의 공을 던져 얻을 수 있는 점수는 모두 몇 가지인지 구하세요. (단, 한 개의 컵에는 한 개의 공만 들어갈 수 있으며, 공이 아무 컵에도 들어가지 않는 경우는 생각하지 않습니다.)

04 빨간색 영역은 10점, 노란색 영역은 8점, 초록색 영역은 5점, 파란색 영역은 3점의 점수를 얻을 수 잇는 다트판이 있습니다. 여러 개의 다트를 던져 50점을 받을 수 있는 방법은 모두 몇 가지인지 구하세요.

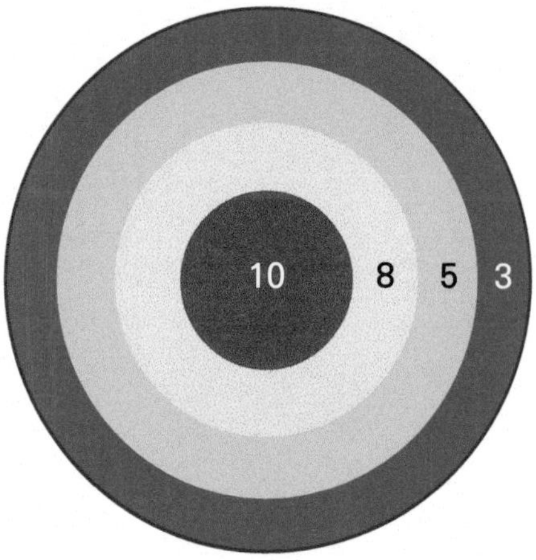

4 창의적문제해결수학

01

한 벌의 옷을 완성시키기 위해서는 옷 한 벌당 동일한 12개의 단추가 필요하다고 합니다. 단추를 판매하는 가게는 A, B, C 세 곳이 있는데 세 곳 모두 단추를 낱개로는 판매하지 않고 여러 개를 하나로 묶어 판매한다고 합니다. A가게는 15개가 한 묶음, B가게는 10개가 한 묶음, C가게는 8개가 한 묶음입니다. A, B, C 세 가게에서 최소 한 묶음 이상의 단추를 구입해야 한다고 할 때, 옷 20벌에 필요한 단추를 구입할 수 있는 방법은 모두 몇 가지인지 구하세요. (단, 정확히 필요한 단추의 개수를 맞춰서 구매해야 합니다.)

02

창의융합문제

아래에는 풍선 다트의 상품인 인형을 얻기 위해 필요한 점수가 적혀 있습니다. 한 게임당 8개의 다트가 주어지며 선물을 받기 위해서 각 색깔의 풍선을 최소 1개 이상 터뜨려야 한다고 할 때, 무우가 풍선 다트 게임에서 상품으로 받을 수 없는 것은 무엇인지 구하세요. (단, 각 풍선의 개수는 충분하며 다트는 항상 풍선에 적중한다고 가정합니다.)

캐나다 서부 에서 넷째 날 모든 문제 끝!
재스퍼로 이동하는 무우와 친구들에게 어떤 일이 일어날까요?

평균의 허점 ?

평균이란 자료 전체의 합을 자료의 개수로 나눈 값을 말합니다. 일반적으로 평균은 자료 전체의 특징을 잘 나타내 주지만 그렇지 않은 경우도 존재합니다. 다음 이야기를 읽어 보고 병사들이 모두 물에 빠질 수 밖에 없었던 이유를 생각하세요.

한 부족의 족장은 강 건너편에 있는 적군들을 물리치기 위해 병사들을 이끌고 강으로 향했습니다. 족장은 한 병사에게 이 강의 평균 수심이 얼마인지 물었습니다. 병사는 130cm라고 답했습니다. 병사들의 키는 모두 160cm 이상이었기 때문에 족장은 즉시 강을 건널 것을 명령했습니다. 하지만 단 한 명의 병사도 강을 건너지 못하고 모든 병사들이 강에 빠져 죽고 말았습니다. 어떻게 이런 일이 일어났을까요?

5. 평균

캐나다 서부
Western Canada

캐나다 서부 다섯째 날 DAY 5

무우와 친구들은 캐나다 서부의 다섯째 날, <재스퍼>에 도착했어요. 무우와 친구들은 다섯째 날에 <멀린 캐니언>, <멀린 호수> 를 여행할 예정이에요. 무우와 친구들은 여행을 마무리하며 어떤 수학문제를 만나게 될까요?

5 단원 살펴보기
평균

궁금해요 ?

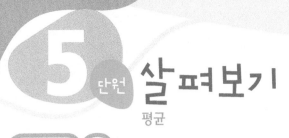

친구들은 마지막 다리를 건너는 시간을 알 수 있을까요?

무우와 친구들은 6개의 다리를 모두 한 번씩 건너려고 합니다. 이미 5개의 다리는 건넜고 하나의 다리만을 남겨두고 있다고 할 때, 평균 30분 안에 모든 다리를 건너기 위해서 6번째 다리를 적어도 몇 분 안에 건너야 하는지 구하세요.

1번 다리	2번 다리	3번 다리	4번 다리	5번 다리	6번 다리
20분	35분	40분	15분	50분	?

〈각 다리를 건너는데 소요된 시간〉

1 평균 구하기

어떠한 자료 전체의 특징을 대표적으로 나타내는 값을 대푯값이라고 부릅니다. 대푯값에는 평균, 중앙값, 최빈값 등이 있으며 일반적으로는 평균이 가장 흔하게 쓰입니다.

평균 : 자료 전체의 합을 자료의 개수로 나눈 값

중앙값 : 자료를 크기 순서대로 배열했을 때, 중앙에 위치하게 되는 값

최빈값 : 자료 중 가장 많은 빈도로 나타나는 값

예

3반 학생들의 수학 점수 (9명)	55	65	75	80	80	80	90	95	100

① 평균 : 평균은 모든 학생의 점수를 다 합한 후 학생수로 나누어 구합니다.

→ $(55 + 65 + 75 + 80 + 80 + 80 + 90 + 95 + 100) \div 9 = 80$

② 중앙값 : 중앙값은 모든 학생의 점수를 크기 순서대로 배열했을 때 중앙에 위치하는 값입니다.

→ 55, 65, 75, 80, (80) 80, 90, 95, 100

③ 최빈값 : 최빈값은 모든 학생의 점수 중 가장 많은 빈도로 나타나는 값입니다.

→ 55, 65, 75, (80)(80)(80) 90, 95, 100

평균 점수, 평균 몸무게, 평균 키, 평균 나이 등등 … 우리는 일상 생활에서 여러 가지 수치들에 대해 평균을 구하고 이를 이용합니다. 평균이란 자료 전체의 합을 자료의 개수로 나눈 값을 말합니다.

예시문제 1 **제각각 층이 모두 다른 다섯 줄의 블럭이 있습니다. 이 다섯 줄의 블럭을 층이 모두같게 만들 수 있을까요?**

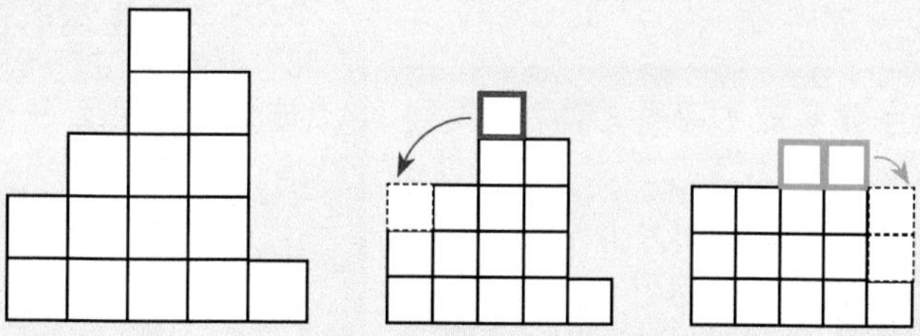

풀이 위와 같은 과정을 거치면 5줄의 블럭을 모두 3층으로 만들 수 있습니다.
그런데, 이 과정보다 더 간단하게 알 수 있는 방법이 있습니다.
블럭은 총 2 + 3 + 5 + 4 + 1 = 15개가 다섯 줄로 쌓여 있습니다. 다섯 줄이 모두 같은 층으로 놓이기 위해서 블럭의 총 개수를 줄의 개수로 나눈 15 ÷ 5 = 3층이 되면 됩니다. 이는 평균의 개념이 사용된 예입니다.

예시문제 2 **한 요리대회 참가자의 점수표입니다. 이 참가자에 대한 6명 심사위원 점수의 평균은 몇 점일까요?**

A	B	C	D	E	F
10	5	8	9	9	7

풀이 평균을 구하기 위해 먼저 자료의 총합을 구합니다. 점수의 총합은 10 + 5 + 8 + 9 + 9 + 7 = 48점입니다.
그 다음 점수의 총합을 자료의 개수(심사위원의 수)인 6으로 나눠 줍니다.
따라서 이 참가자에 대한 6명 심사위원 점수의 평균은 48 ÷ 6 = 8점입니다.

[풀이 방법 1]

1. 6개의 다리를 건너는데 소요되는 시간의 평균이 30분 이내가 되려면 모든 다리를 건너는데 소요되는 시간의 총합이 30 × 6 = 180분 이내여야 합니다.

2. 아직 건너지 않은 6번 다리를 제외하고 나머지 5개의 다리를 건너는데 소요된 시간의 합을 구합니다.
→ 20 + 35 + 40 + 15 + 50 = 160분

3. 모든 다리를 건너는데 소요되는 시간의 총합이 180분 이내여야 하므로 180분에서 ②에서 구한 160분을 빼면 6번 다리를 몇 분 이내에 건너야 할 지 알 수 있습니다. → 180 - 160 = 20분
따라서 평균 30분 이내에 모든 다리를 건너기 위해서 6번 다리를 적어도 20분 안에는 건너야 합니다.

[풀이 방법 2]

1. 5분을 한 칸이라고 생각하여 각 다리를 건너는데 소요된 시간을 그림으로 나타내면 다음과 같습니다.
평균 30분이 되려면 각 줄에 6개의 칸이 와야합니다.

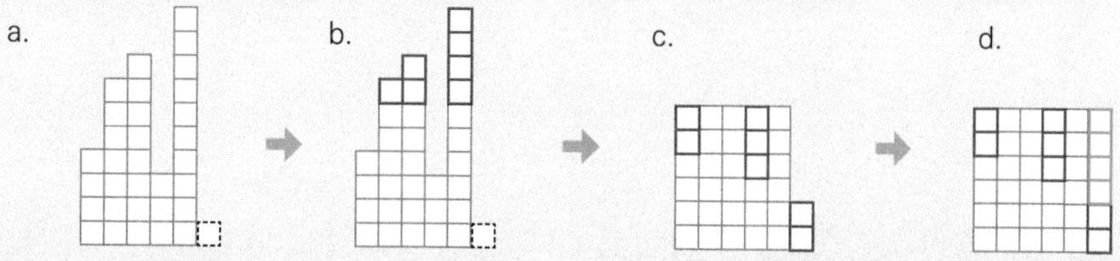

2. 칸의 개수가 6개 이상인 경우 6개를 제외한 나머지 칸을 다른 줄에 6개가 되도록 나눠 줍니다. 위 그림과 같이 c과정까지 거치고 나면 마지막줄에 4개의 칸이 부족한 것을 알 수 있습니다. 따라서 모든 줄이 동일하게 6개의 칸을 나눠가지기 위해서 4개의 칸이 추가로 필요합니다.

3. 평균 30분(6칸)이 되기 위해서 마지막 6번 다리는 적어도 20분(4칸) 안에는 건너야 합니다. 정답 : 20분

5 대표문제

1. 평균 구하기

재스퍼 초콜릿은 다크 2kg, 밀크 5kg, 화이트 3kg을 혼합한 후 100g씩 틀에 굳혀 판매합니다. 1kg당 가격이 아래와 같을 때, 초콜릿 한 개(100g)의 가격은 얼마일까요?

다크	밀크	화이트
40달러	12달러	20달러

Step 1 세 종류의 초콜릿을 모두 혼합했을 때 총 무게를 구하고, 100g짜리 초콜릿을 모두 몇 개 만들 수 있을지 구하세요.

Step 2 다크 2kg, 밀크 5kg, 화이트 3kg의 가격을 모두 합한 총 금액을 구하세요.

Step 3 Step 1와 Step 2의 결과를 이용해 초콜릿 한 개(100g)의 가격은 얼마일지 구하세요.

풀이

Step 1 세 종류의 초콜릿을 모두 혼합한 총 무게는 2kg + 5kg + 3kg = 10kg(= 10,000g) 입니다. 한 개의 초콜릿은 100g이라고 했으므로 10kg(= 10,000g)의 혼합된 초콜릿으로 만들 수 있는 초콜릿의 개수는 10,000 ÷ 100 = 100개 입니다.

Step 2 다크 초콜릿 2kg의 가격은 40 × 2 = 80달러, 밀크 초콜릿 5kg의 가격은 12 × 5 = 60달러, 화이트 초콜릿 3kg의 가격은 20 × 3 = 60 달러 입니다.
따라서 세 초콜릿의 가격을 모두 합한 총 금액은 80 + 60 + 60 = 200달러 입니다.

Step 3 초콜릿을 만들기 위해 필요한 세 종류의 초콜릿 전체 무게는 10,000g으로 총 100개의 초콜릿을 만들 수 있습니다.
또한 세 종류의 초콜릿을 모두 구매하는데 드는 총 금액은 200달러 입니다.
초콜릿 한 개(100g)의 가격은 총 금액을 만들 수 있는 초콜릿의 개수로 나누어 구합니다.
따라서 초콜릿 한 개(100g)의 가격은 200 ÷ 100 = 2달러 입니다.

정답: 10kg(= 10,000g), 100개 / 200달러 / 2달러

확인하기 1

어느 페인트 가게에서는 두 가지 색의 페인트를 섞어 새로운 색을 만들고 그 페인트를 1L씩 통에 담아 판매한다고 합니다. 1L에 6,000원 하는 하얀색 페인트 10L와 1L에 12,000원 하는 파란색 페인트 2L를 섞어 하늘색의 페인트를 만들었습니다. 새로 만든 하늘색 페인트의 1L당 가격은 얼마 일까요?

확인하기 2

한 쌀집에서는 백미 7kg, 흑미 4kg, 검은콩 1kg을 혼합한 후 1kg씩 포장하여 판매한다고 합니다. 각각의 1kg당 가격은 백미 5,000원, 흑미 6,000원, 검은콩 13,000원이라고 할 때, 1kg씩 포장된 잡곡의 가격은 얼마인지 구하세요.

5 대표문제

2. 평균의 이용

멀린 호수 주변에 있는 나무들에 대한 정보를 알려주는 표지판의 일부가 보이지 않습니다. 아래의 물음에 답해보세요.

멀린 호수 주변의 나무들

	그루 수	평균 키
A 나무	15	2m
B 나무	20	3.5m
C 나무	5	?
전체	40	3m

Step 1 A 나무, B 나무, C 나무를 모두 합친 총 40그루의 평균 키가 3m가 되기 위해서 모든 나무들의 키를 더한 값이 얼마가 되어야 하는지 구하세요.

Step 2 모든 A 나무와 B 나무들의 키를 더한 값은 얼마인지 구하세요.

Step 3 Step 1과 Step 2의 결과를 이용해 모든 나무들의 키 평균이 3m가 되기 위해서 C 나무들의 평균 키는 몇 m가 되어야 하는지 구하세요.

풀이

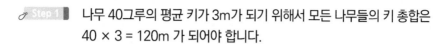

Step 1 나무 40그루의 평균 키가 3m가 되기 위해서 모든 나무들의 키 총합은 40 × 3 = 120m 가 되어야 합니다.

Step 2 모든 A 나무 키의 총합은 15 × 2 = 30m 이고, 모든 B 나무 키의 총합은 20 × 3.5 = 70m 입니다.
따라서 모든 A 나무와 B 나무의 키를 더한 값은 30 + 70 = 100m 입니다.

Step 3 모든 나무들의 평균 키가 3m가 되기 위해서 모든 나무들의 키 총합이 120m가 되어야 합니다.
따라서 C 나무들의 키 총합은 120m에서 A 나무와 B 나무들의 키 총합인 100m을 뺀 120 − 100 = 20m가 되어야 합니다.
C 나무는 5그루가 있으므로 키의 총합이 20m가 되기 위해서 C 나무의 평균 키는 4m가 되어야 합니다. 따라서 C 나무의 평균키는 4m 입니다.

정답 : 120m / 100m / 4m

확인하기 1

무우는 이번 기말 시험 결과 국어 90점, 영어 80점, 과학 100점, 사회 85점의 성적을 받았습니다. 마지막으로 수학 시험만 남았다고 할 때, 무우가 평균 90점 이상을 받기 위해서 수학 성적을 몇 점 이상 받아야 할지 구하세요.

확인하기 2

아래는 상상이네 반 친구들의 평균 몸무게를 남학생, 여학생 성별에 따라 분류해 둔 표입니다. 선생님께서는 남자 아이들과 반 친구들 전체의 평균 몸무게만을 알려주셨습니다. 선생님께서 알려주신 두 개의 평균을 이용해 상상이네 반 여학생의 평균 몸무게를 구하세요.

구분	명 수	평균 몸무게
여학생	12명	?
남학생	15명	48kg
전체	27명	46kg

5 연습문제

01 무우네 반 친구들은 오늘 체육시간에 50m 달리기를 했습니다. 달리기 성적이 8초대인 친구들이 10명, 9초대가 4명, 10초대가 2명, 11초대가 4명이라고 할 때, 무우네 반 친구들의 50m 달리기 평균 성적대는 몇 초대인지 구하세요.

02 한 주스 가게에서는 한 가지 맛의 주스 뿐만 아니라 여러 가지 맛의 주스를 혼합한 새로운 맛의 주스를 1L씩 병에 담아 판매 한다고 합니다. 1L에 4000원인 오렌지 주스 5L와 1L에 3000원인 사과 주스 3L, 1L에 2500원인 포도 주스 2L를 혼합한 후 1L씩 병에 담아 판매한다고 할 때, 이 주스 한 병(1L)의 가격은 얼마인지 구하세요.

03 어느 공장의 한 기계는 매일 80개의 부품을 만들어 냅니다. 9일 동안은 기계가 정상적으로 잘 작동되었지만 10일째에는 잠깐의 정전으로 인해 평소보다 적은 양의 부품만을 만들었다고 합니다. 10일 동안 하루에 만드는 평균 부품의 개수는 10일째 하루 동안 만든 부품의 개수보다 27개 더 많다고 합니다. 10일째 하루 동안 만든 부품의 개수는 몇 개인지 구하세요.

04 무우네 반 친구들 5명의 평균 수학 점수는 95점 입니다. 그런데, 상상이의 점수를 함께 계산해 6명의 평균 수학 점수를 구하면 93점으로 줄어들게 됩니다. 상상이의 수학 점수는 몇 점인지 구하세요.

05 한 퀴즈 프로그램의 참가한 학생들은 남학생 25명, 여학생 15명으로 총 40명 입니다. 퀴즈 경연을 마친 결과 남녀 모든 학생의 평균 점수는 80점이고, 여학생의 평균 점수가 남학생의 평균 점수보다 4점이 더 높다고 합니다. 남학생의 평균 점수를 구하세요.

06 다음은 제이네 반 친구들 6명의 음악 수행평가 점수를 나타낸 표입니다. 영수의 점수는 모든 친구 6명의 평균 점수보다 3점이 높다고 할 때, 영수의 수행평가 점수를 구하세요.

무우	8점	알알	6점
상상	6점	지원	7점
제이	5점	영수	?

5 연습문제

07 무우네 반 친구들은 착한 일을 할 때마다 칭찬 스티커를 1개씩 받습니다. 담임 선생님은 매달 말일 모든 반친구들 칭찬 스티커 개수의 평균을 내어 평균과 같거나 평균 이상의 칭찬 스티커를 받은 친구들에게는 선물을 주신다고 합니다. 칭찬 스티커가 10개인 친구가 5명, 8개인 친구가 6명, 6개인 친구가 7명이라고 할 때, 선물을 받을 수 있는 친구는 모두 몇 명인지 구하세요.

08 한 학교의 육상부에 속해 있는 남학생 수는 여학생 수의 2배 입니다. 남학생의 평균 몸무게가 47kg이고, 여학생의 평균 몸무게 44kg이라고 할 때, 운동부 학생 전체의 평균 몸무게를 구하세요.

09 한 자리 자연수가 적혀있는 5장의 카드가 있습니다. 5장의 카드를 무작위로 뽑은 후, 뽑힌 순서대로 나열해 5자리 숫자를 만들었습니다. 5자리 숫자의 합은 28, 만의 자리, 천의 자리, 백의 자리 숫자의 평균은 7, 백의 자리, 십의 자리, 일의 자리 숫자의 평균은 4라고 할 때, 백의 자리 숫자는 무엇인지 구하세요.

예시

→ 위와 같이 5개의 숫자 카드가 나열될 경우
다섯 자리 수 12,345가 만들어 집니다.

10 수영부 학생 23명의 평균 신장은 150cm 입니다. 그런데 키가 145cm인 학생 한 명이 나가고, 키가 152cm, 155cm인 학생 두 명이 새로 들어왔습니다. 현재 수영부 학생들의 평균 신장은 몇 cm인지 구하세요.

5 심화문제

01 어느 자동차 부품을 만드는 회사에는 A기계 8대, B기계 12대 총 20대의 기계가 있습니다. 두 기계는 하루 평균 1대당 10개의 부품을 생산하는데, A기계는 B기계보다 하루 평균 5개를 더 많이 생산한다고 합니다. A기계와 B기계는 각각 하루 평균 1대당 몇 개의 부품을 생산하는지 구하세요.

정답 및 풀이 P.29

02 한 동물병원에 귀여운 강아지 세 마리가 태어났습니다. 강아지 세 마리의 평균 몸무게는 700g이고, 첫째 강아지와 둘째 강아지 몸무게의 합은 1300g, 둘째 강아지와 셋째 강아지 몸무게의 합은 1550g이라고 합니다. 첫째, 둘째, 셋째 강아지의 몸무게를 모두 구하세요.

5 심화문제

03 무우네 학교 학생 600명은 집에서 안쓰는 장난감을 가져와 보육원 아이들에게 기부하려고 합니다. 남학생의 절반은 한 명당 6개씩, 나머지 절반은 한 명당 4개씩 장난감을 챙겨왔으며 여학생의 $\frac{1}{3}$ 은 한 명당 7개씩, 나머지 $\frac{2}{3}$ 는 한 명당 4개씩 장난감을 챙겨왔다고 합니다. 전교생은 모두 몇개의 장난감을 기부했으며, 전교생은 1인당 평균 몇 개의 장난감을 기부한 것인지 구하세요.

정답 및 풀이 P.30

04 〈보기〉는 한 오디션 프로그램 참가자 5명의 심사 결과 점수에 대한 정보를 나열한 것입니다. 〈보기〉를 참고하여 모든 참가자들의 점수를 구하세요. (단, 점수는 항상 자연수입니다.)

보기

1. 1번 참가자의 점수는 9점 입니다.

2. 2번 참가자와 5번 참가자의 점수는 같습니다.

3. 1번과 3번 참가자 점수의 평균은 4번 참가자 점수와 같습니다.

4. 4번과 5번 참가자 점수의 평균은 1번 참가자 점수와 같습니다.

5. 참가자 점수 중 최저점은 7점 최고점은 10점입니다.

5 창의적문제해결수학

01 무우, 상상, 제이, 알알이는 줄넘기를 하기 위해 모였습니다. 2분 동안 한 줄넘기의 횟수를 세어 여러 가지 방식으로 평균을 계산해 보니 무우와 상상이, 제이 세 명의 평균 횟수는 85회, 상상이와 제이, 알알이 세 명의 평균 횟수는 87회, 무우와 알알이의 평균 횟수는 88회 입니다. 네 명 전체의 2분 동안 한 줄넘기 평균 횟수를 구하세요.

정답 및 풀이 P.31

02
창의융합문제

<보기>를 참고해서 무우에게 남은 돈은 얼마인지 구하세요.

보기

1. 무우, 상상, 제이, 알알이가 가진 돈의 평균은 41달러 입니다.
2. 상상이와 제이가 가진 돈의 평균은 무우가 가진 돈과 같습니다.
3. 알알이가 가진 돈은 38달러 입니다.

캐나다 서부에서 다섯째 날 모든 문제 끝!
수학여행을 마친 기분은 어떤가요?

MEMO

영재들의 수학여행
Math Travel

무한상상

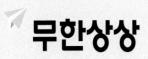

창의영재수학

아이앤아이

정답 및 풀이

중급
초등 4~6학년

E 자료와 가능성
캐나다 서부편

무한상상

창의력교재 업계 1위

아이앤아이

창·의·력·수·학/과·학

영재학교·과학고	영재교육원·영재성검사	과학대회 준비
아이앤아이 물리학 (상,하)	아이앤아이 영재들의 수학여행 수학 32권 (5단계)	아이앤아이 꾸러미 과학대회 초등 - 각종 대회, 과학 논술/서술
아이앤아이 화학 (상,하)	아이앤아이 꾸러미 48제 모의고사 수학 3권, 과학 3권	아이앤아이 꾸러미 과학대회 중고등 - 각종 대회, 과학 논술/서술
아이앤아이 생명과학 (상,하)	아이앤아이 꾸러미 120제 수학 3권, 과학 3권	
아이앤아이 지구과학 (상,하)	아이앤아이 꾸러미 시리즈 (전4권) 수학, 과학 영재교육원 대비 종합서	
	아이앤아이 초등과학 시리즈 (전4권) 과학 (초 3,4,5,6) - 창의적문제해결력	

무한상상

Imagine Infinite!

창의영재수학

아이앤아이

정답 및 풀이

중급 초등 4~6학년

E 자료와 가능성

캐나다 서부편

1. 경우의 수

대표문제 1 확인하기 1 P. 13

[정답] 120가지

[풀이 과정]

① 엄마와 아빠는 이웃해서 서야 하므로 엄마와 아빠를 묶어 한 명처럼 생각하고 나머지 가족들과 총 다섯 명이 배열될 수 있는 경우의 수를 구합니다.

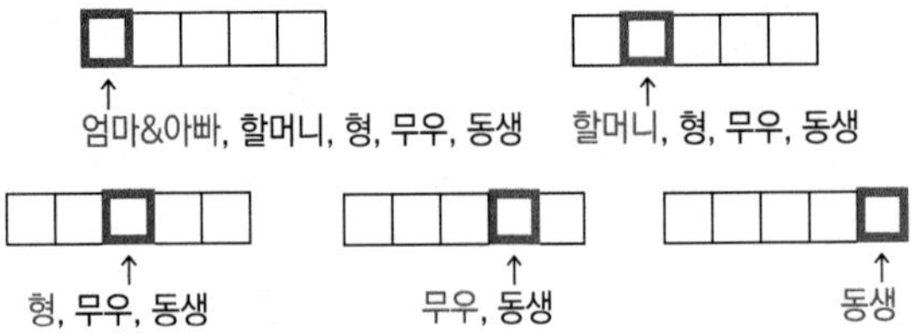

첫 번째는 5명이 모두 올 수 있고, 다음 순서부터는 앞 순서에서 뽑힌 사람을 제외하고 올 수 있습니다.
따라서 5명이 배열 될 수 있는 경우의 수는
5 × 4 × 3 × 2 × 1 = 120가지입니다.

② 하나로 묶인 엄마와 아빠가 서로 자리를 바꿀 수 있으므로 ①에서 구한 값에 엄마 아빠가 배열될 수 있는 경우의 수를 곱해줍니다. (120 × 2 = 240)

③ 따라서 답은 240가지입니다. (정답)

대표문제 1 확인하기 2 P. 13

[정답] 24가지

[풀이 과정]

① 무우는 꼭 마지막 순서를 뛴다고 했으므로 무우를 마지막 순서로 고정하고, 무우를 제외한 나머지 친구들에게 A, B, C, D라는 이름을 붙이고 순서를 정합니다.

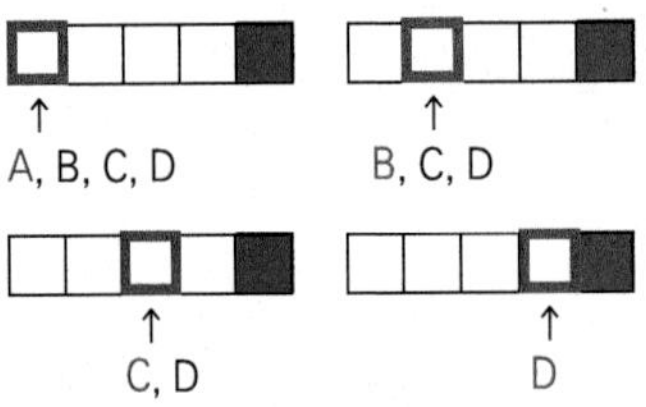

② 첫 번째는 4명이 모두 올 수 있고, 다음 순서부터는 앞 순서에서 뽑힌 사람을 제외하고 올 수 있습니다.
따라서 무우를 제외한 4명이 배열 될 수 있는 경우의 수는 4 × 3 × 2 × 1 = 24가지입니다.

③ 무우가 마지막 순서를 뛰면서 이어달리기 순서를 정하는 경우의 수는 모두 24가지입니다.(정답)

대표문제 2 확인하기 P. 15

[정답] 9개

[풀이 과정]

① 정육각형에는 6개의 점이 있고, 그 중 2개의 점을 이으면 대각선을 만들 수 있습니다.

② 아래의 그림과 같이 점 A를 나머지 5개의 점들과 이어 5개의 선분을 만들 수 있습니다. 한 점당 5개의 선분을 만들 수 있으므로 5 × 6 = 30개의 선분이 만들어집니다. 하지만 예를 들어 A와 C를 이은 선분과 C와 A를 이은 선분은 같은 하나의 선분이므로 두 점이 배열될 수 있는 경우의 수로 나누어 줍니다.

③ 따라서 6개 중에 2개의 점을 택하는 경우의 수는 6 × 5 ÷ 2 = 15가지입니다.

④ 정육각형의 선분은 대각선에서 제외한다고 했으므로 답은 15 - 6 = 9가지입니다.

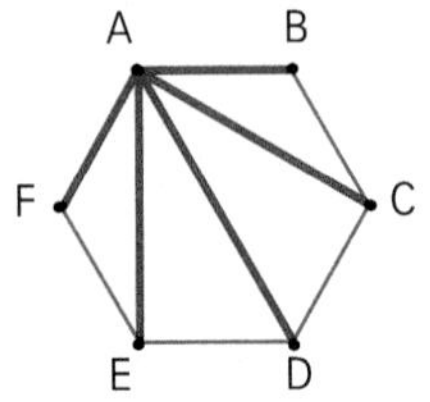

연습문제 01 P. 16

[정답] 48개

[풀이 과정]

① 세 자리 수를 만든다고 했으므로 백의 자리에는 0을 제외한 1, 2, 3, 4가 올 수 있습니다.

② 만약 백의 자리를 1이라고 가정하면, 십의 자리에는 1을 제외한 0, 2, 3, 4가 올 수 있고 일의 자리에는 백의 자리와 십의 자리에서 선택되고 남은 3개의 수가 올 수 있습니다.

③ ②의 경우를 나뭇가지 그림으로 나타내면 다음과 같습니다.

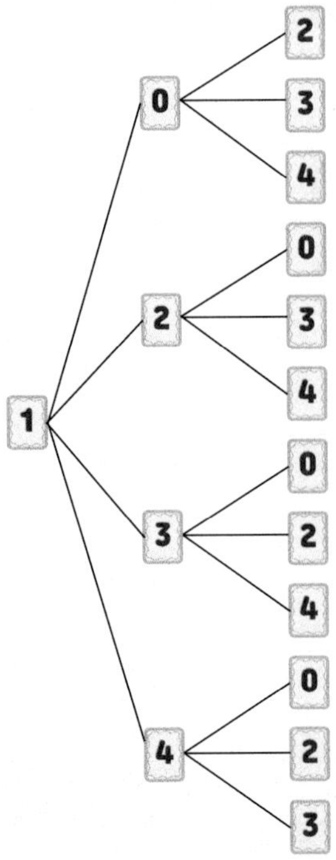

③ 따라서 백의 자리가 1일 때 가능한 세자리 자연수의 개수는 4 × 3 = 12개 입니다.

④ 백의 자리에는 1뿐만 아니라 2, 3, 4도 올 수 있기 때문에 ③에서 구한 답에 4배를 해 총 경우의 수를 구합니다. 따라서 답은 12 × 4 = 48개 입니다.

연습문제 02 ······ P. 16

[정답] 66가지

[풀이 과정]

① 반장과 부반장을 제외한 12명의 친구들 중 2명의 청소 당번을 뽑는 경우의 수를 구합니다.

② 이 경우 2명을 뽑는 순서는 상관이 없습니다. 예를 들어 첫 번째로 A가 뽑히고 두 번째로 B가 뽑히는 것과 첫 번째로 B가 뽑히고 두 번째로 A가 뽑히는 경우는 같습니다. 그러므로 순서에 따라 두 명을 뽑은 뒤, 그 둘이 배열 될 수 있는 경우의 수로 나누어 줍니다.

③ 따라서 12명 중 2명을 뽑는 경우의 수는 (12 × 11) ÷ 2 = 66가지입니다.(정답)

연습문제 03 ······ P. 16

[정답] 72가지

[풀이 과정]

① 5명이 나란히 한 줄로 설 수 있는 모든 경우의 수에서 민정이가 양 끝에 설 경우의 수를 빼는 방식으로 답을 구합니다.

② 5명이 나란히 한 줄로 설 수 있는 모든 경우의 수는 5 × 4 × 3 × 2 × 1 = 120가지입니다.

③ 민정이가 양 끝에 서는 경우는 왼쪽 끝에 설 경우와 오른쪽 끝에 설 경우 두 가지가 있습니다.
먼저, 민정이가 왼쪽 끝에 설 때 경우의 수를 구합니다. 민정이의 위치를 왼쪽 끝으로 고정하고 민정이를 제외한 나머지 친구들에게 A, B, C, D라는 이름을 붙이고 순서를 정합니다.

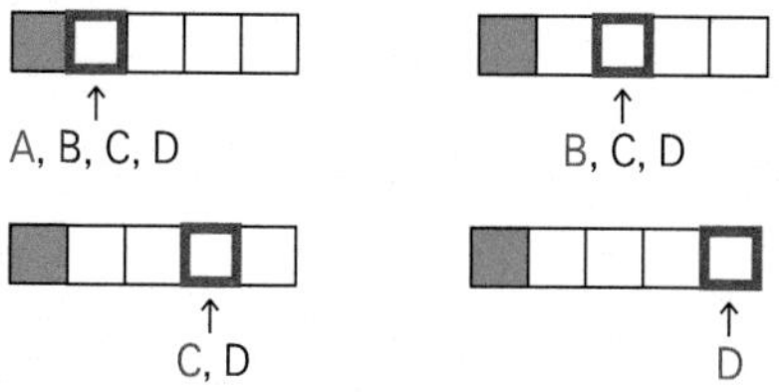

첫 번째는 4명이 모두 올 수 있고, 다음 순서부터는 앞 순서에서 뽑힌 사람을 제외하고 올 수 있습니다.
따라서 민정이를 제외한 4명이 배열 될 수 있는 경우의 수는 4 × 3 × 2 × 1 = 24가지입니다.
민정이가 오른쪽 끝에 설 경우도 같은 방식으로 24가지의 경우의 수를 가지게 되므로, 민정이가 양쪽 끝에 설 때의 모든 경우의 수는 24 × 2 = 48가지입니다.

④ 따라서 민정이가 양끝에 서지 않고 사진을 찍는 경우의 수는 120 - 48 = 72가지입니다..

연습문제 04 ······ P. 17

[정답] 17개

[풀이 과정]

① 5의 배수가 되기 위해선 일의 자리가 0 또는 5가 되어야 합니다. 그러므로 일의 자리는 0 또는 5로 고정하고, 그에 따라 가능한 십의 자리의 숫자를 구합니다.

② 일의 자리가 0일 때 십의 자리에 가능한 숫자는 0부터 9까지 중 0을 제외한 9개 이고, 일의 자리가 5일 때 십의 자리에 가능한 숫자는 0부터 9까지 중 0과 5를 제외한 8개 입니다.

③ 따라서 답은 9 + 8 = 17개입니다. (정답)

연습문제 05 ······ P. 17

[정답] 22가지

[풀이 과정]

① 집에서 백화점에 가는 방법은 다음과 같이 3가지가 있습니다.

② 집 → 서점 → 식당 → 백화점 : 2 × 2 × 2 = 8가지

③ 집 → 공원 → 식당 → 백화점 : 2 × 3 × 2 = 12가지

④ 집 → 식당 → 백화점 : 1 × 2 = 2가지

⑤ 따라서 백화점에 가는 방법은 모두 8 + 12 + 2 = 22가지입니다. (정답)

1 정답 및 풀이

연습문제 **06** ········· P. 18

[정답] 74가지

[풀이 과정]

① 동화책과 만화책에서 각 한 권씩을 고르는 경우의 수는 $6 \times 4 = 24$가지입니다.

② 동화책과 소설책에서 각 한 권씩을 고르는 경우의 수는 $6 \times 5 = 30$가지입니다.

③ 만화책과 소설책에서 각 한 권씩을 고르는 경우의 수는 $4 \times 5 = 20$가지입니다.

④ 세 가지 경우의 수를 더해서 총 경우의 수를 구합니다. 따라서 답은 $24 + 30 + 20 = 74$가지입니다. (정답)

연습문제 **07** ········· P. 18

[정답] 12가지

[풀이 과정]

① 각 자릿수의 합이 3의 배수이면 그 수는 3의 배수가 됩니다. 1~9까지의 카드를 두 장 뽑아 나올 수 있는 두 수의 합 중 가장 큰 값은 $8 + 9 = 17$입니다.

② 카드 두 장을 동시에 뽑았을 때, 두 수를 더해 3이 나오는 경우의 수는 (1, 2) 1가지입니다. 두 수를 더해 6이 나오는 경우의 수는 (1, 5), (2, 4) 2가지입니다.
두 수를 더해 9가 나오는 경우의 수는 (1, 8), (2, 7), (3, 6), (4, 5) 4가지입니다.
두 수를 더해 12가 나오는 경우의 수는 (3, 9), (4, 8), (5, 7) 3가지입니다.
두 수를 더해 15가 나오는 경우의 수는 (6, 9), (7, 8) 2가지입니다.

③ 따라서 두 수의 합이 3의 배수가 되는 모든 경우의 수는 $1 + 2 + 4 + 3 + 2 = 12$가지입니다. (정답)

연습문제 **08** ········· P. 18

[정답] 126가지

[풀이 과정]

① 9명 중 스키를 타는 4명을 뽑으면 자연스레 보드를 타는 5명은 뽑히지 않은 나머지 친구들이 됩니다.
따라서 이 문제는 9명 중 4명을 뽑는 문제와 같습니다.

② 먼저 9명 중 4명을 순서에 따라 뽑습니다. 첫 번째로는 9명 중 한 명을, 두 번째로는 뽑힌 한 명을 제외하고 8명 중 한 명을··· 이런 방식으로 9명 중 4명을 순서에 따라 뽑습니다. 9명 중 4명을 순서에 따라 뽑을 경우의 수는 $9 \times 8 \times 7 \times 6 = 3024$가지입니다.

③ 하지만 단순히 4명을 뽑는다고 했으므로 4명을 뽑는 순서는 상관이 없습니다. 예를 들어 A, B, C, D 네 명이 스키를 타는 조라고 하면 (A, B, C, D), (A, B, D, C), (A, C, B, D)와 같이 뽑힌 순서만 다르고 뽑힌 인원이 같은 경우는 같은 경우입니다. 그러므로 배열만 다르고 뽑힌 인원이 같은 모든 경우가 하나의 경우로 세어질 수 있도록 ②에서 구한 값을 4명이 배열 될 수 있는 경우의 수로 나누어 줍니다.

④ 4명이 배열 될 수 있는 경우의 수는 $4 \times 3 \times 2 \times 1 = 24$가지 이고, ②에서 구한 3024가지를 24로 나누면 정답은 $3024 \div 24 = 126$가지입니다. (정답)

연습문제 **09** ········· P. 19

[정답] 45개

[풀이 과정]

① 서로 다른 세 점을 이어 삼각형을 만들기 위해서는 세 점이 모두 한 직선 위에 있어서는 안됩니다.

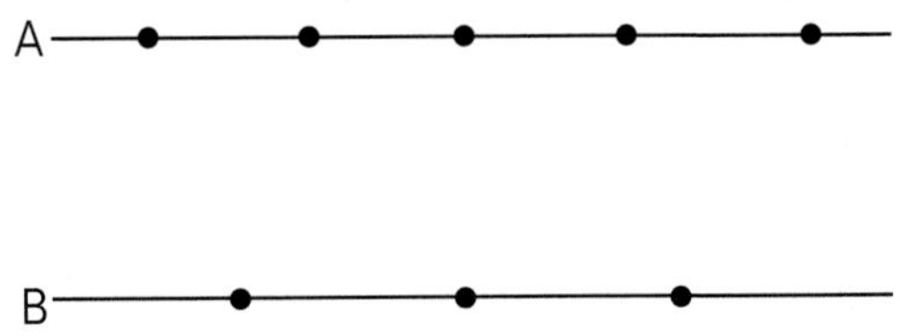

② 그러므로 세 점을 이어 삼각형을 만드는 경우를 선분 A에서 2개, 선분 B에서 하나의 점을 고르는 경우와 선분 B에서 2개, 선분 A에서 하나의 점을 고르는 두 가지 경우로 나누어 구합니다.

③ 선분 A에서 2개의 점을 고르는 경우의 수는 $5 \times 4 \div 2 = 10$가지, 선분 B에서 1개의 점을 고르는 경우의 수는 3가지입니다.
그러므로 선분 A에서 2개, 선분 B에서 하나의 점을 고르는 경우의 수는 $10 \times 3 = 30$가지입니다.

④ 선분 B에서 2개의 점을 고르는 경우의 수는 $3 \times 2 \div 2 = 3$가지, 선분 A에서 1개의 점을 고르는 경우의 수는 5가지입니다.
그러므로 선분 B에서 2개, 선분 A에서 하나의 점을 고르는 경우의 수는 $3 \times 5 = 15$가지입니다.

⑤ 따라서 만들 수 있는 모든 삼각형의 개수는 $30 + 15 = 45$개 입니다. (정답)

연습문제 **10** ························ P. 19

[정답] 210개

[풀이 과정]

① 직사각형의 개수를 직접 세지 않고 아닌 가로 줄 5개와 세로 줄 7개 중 각 2개의 줄을 뽑아 직사각형을 만들어 내는 문제입니다. 예를 들어, 아래의 그림과 같이 세로 줄 중 두 번째, 다섯 번째 줄을 뽑고 가로 줄 중 두 번째, 네 번째 줄을 뽑으면 ABCD의 직사각형이 만들어 집니다.

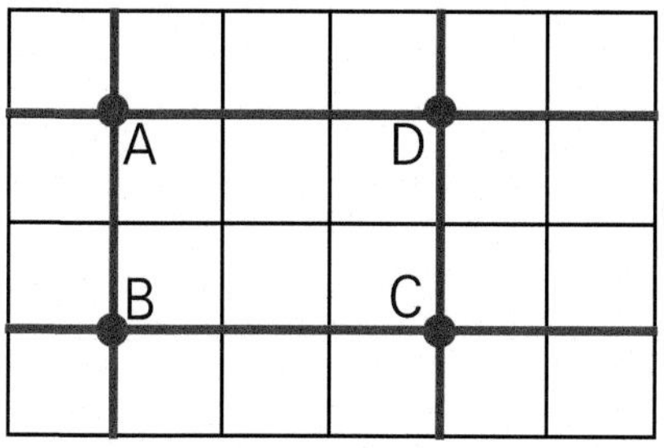

② 세로 줄 7개 중 2개의 줄을 뽑는 경우의 수는 7 × 6 ÷ 2 = 21가지입니다.

③ 가로 줄 5개 중 2개의 줄을 뽑는 경우의 수는 5 × 4 ÷ 2 = 10가지입니다.

④ 세로, 가로 4개의 줄이 만나 만들 수 있는 모든 직사각형의 개수는 21 × 10 = 210개 입니다. (정답)

심화문제 **01** ························ P. 20

[정답] 4200가지

[풀이 과정]

① 여학생과 남학생에서 각 대표 2명, 3명을 뽑을 경우의 수를 구하고, 뽑힌 학생들이 교대로 배열 될 수 있는 경우의 수를 구해 두 경우의 수를 곱하면 되는 문제입니다.

② 먼저 여학생 5명 중 2명, 남학생 7명 중 3명을 뽑을 경우의 수를 구합니다.
순서에 맞춰 뽑고, 뽑힌 학생들이 배열 될 수 있는 경우의 수로 나눠줍니다.
여학생 5명 중 2명을 뽑는 경우의 수는 5 × 4 ÷ 2 = 10가지, 남학생 7명 중 3명을 뽑는 경우의 수는 (7 × 6 × 5) ÷ (3 × 2 × 1) = 35가지입니다.
여학생 중 2명을 뽑는 한 경우마다 남학생 중 3명을 뽑는 모든 경우가 일어날 수 있으므로 두 경우의 수를 곱해 총 경우의 수를 구합니다. 따라서 여학생 중 2명을 뽑고 남학생 중 3명을 뽑는 경우의 수는 10 × 35 = 350가지입니다.

③ 다음으로는 뽑힌 여학생과 남학생이 교대로 설 수 있는 경우의 수를 구합니다. 남녀 학생이 교대로 설 수 있는 경우는  그림과 같이 남학생 세 명 사이에 여학생 두 명이 서는 한 가지 경우만 존재합니다. 그러므로 남학생 세 명을 배열하고 그 사이에 여학생 두 명을 배열 합니다.
남학생 세 명이 한 줄로 설 수 있는 경우의 수는 3 × 2 × 1 = 6가지,
여학생 두 명이 한 줄로 설 수 있는 경우의 수는 2 × 1 = 2가지입니다.
남학생 세 명이 한 줄로 서는 한 경우마다 여학생 두 명이 한 줄로 서는 모든 경우가 일어날 수 있으므로 두 경우의 수를 곱해 총 경우의 수를 구합니다. 따라서 남녀 학생이 교대로 설 수 있는 경우의 수는 6 × 2 = 12가지입니다.

④ ②에서 구한 경우의 수와 ③에서 구한 경우의 수를 곱해 총 경우의 수를 구합니다. 따라서 남녀 대표 학생을 뽑고 배열할 수 있는 모든 경우의 수는 350 × 12 = 4200가지입니다. (정답)

심화문제 **02** ························ P. 21

[정답] 54가지

[풀이 과정]

① 친구들의 강점을 최대한 발휘하기 위해서는 강점을 가진 친구들을 그 구간에 선발하는 것이 좋습니다. 달리기가 빠른 2명은 달리기 구간에, 허들을 잘 뛰어 넘는 3명은 허들 구간에, 훌라후프를 잘하는 친구 1명은 훌라후프 구간에 선발합니다.

② 그물 구간을 통과하는 친구는 각 구간에서 선발되고 남은 12 - 3 = 9명 중에 한 명을 선발합니다.

③ 따라서 네 명의 친구를 뽑아 팀을 구성하는 방법은 2 × 3 × 9 × 1 = 54가지입니다. (정답)

심화문제 **03** ························ P. 22

[정답] 18가지

[풀이 과정]

① 표를 이용해 주사위 두 눈의 곱을 모두 나타냅니다.

	1	2	3	4	5	6	
1	1	2	3	4	5	6	→ 6가지
2	2	4	6	8	10	12	→ 5가지
3	3	6	9	12	15	18	→ 4가지
4	4	8	12	16	20	24	→ 3가지
5	5	10	15	20	25	30	→ 2가지
6	6	12	18	24	30	36	→ 1가지

② 노란색으로 색칠되어 있는 대각선을 기준으로 대칭되는 위치에 있는 두 수는 같습니다. 따라서 표에서 회색으로 칠해진 수들은 세지 않고, 노란색 대각선과 흰색으로 칠해진 수들을 세어 줍니다.

③ 빨강, 파랑, 초록색으로 표시한 세 개의 숫자 4, 6, 12는 중복되므로 한 번씩만 세어 줍니다.

④ 따라서 답은 (6 + 5 + 4 + 3 + 2 + 1) - 3 = 18가지입니다. (정답)

2 정답 및 풀이

심화문제 04 P. 23

[정답] 40가지

[풀이 과정]

① 6명의 친구들에게 1, 2, 3, 4, 5, 6의 번호를 붙입니다. 만약 6명의 친구들 중 1, 2, 3번이 본인의 공을 뽑고 4, 5, 6번은 다른 친구의 공을 뽑는다면 다음과 같은 두 가지 경우가 가능합니다.

1번이 뽑은 공	2번이 뽑은 공	3번이 뽑은 공
1	2	3
1	2	3

4번이 뽑은 공	5번이 뽑은 공	6번이 뽑은 공
5	6	4
6	4	5

② 이처럼 세 명이 본인의 공을 뽑고 나머지 세 명이 다른 친구의 공을 뽑을 경우는 각 경우마다 ①처럼 두 가지의 경우의 수를 가집니다.

③ 또한 6명 중 본인의 공을 뽑을 3명을 정하면 자연스레 나머지 3명은 다른 사람의 공을 뽑는 3명이 됩니다. 6명 중 3명을 뽑는 경우의 수는 (6 × 5 × 4) ÷ (3 × 2 × 1) = 20가지입니다.

④ ③에서 구한 한 경우마다 ②에서 구한 두 가지 경우의 수를 가집니다. 그러므로 총 경우의 수는 ②와 ③에서 구한 경우의 수를 곱한 2 × 20 = 40가지입니다. (정답)

창의적문제해결수학 01 P. 24

[정답] 900개

[풀이 과정]

① 하나의 직육면체를 결정짓기 위해서는 밑면의 가로와 세로의 길이, 직육면체의 높이 그리고 직육면체가 놓여진 위치가 필요합니다.

② 첫 번째로 밑면의 가로의 길이를 결정짓습니다. 가로의 길이는 빨간색으로 표시된 6개의 줄 중 2개를 택하면 결정됩니다. 6개 중 2개를 택하는 경우의 수는 6 × 5 ÷ 2 = 15가지입니다.
두 번째로 밑면의 세로의 길이를 결정짓습니다. 세로의 길이는 초록색으로 표시된 4개의 줄 중 2개를 택하면 결정됩니다. 4개 중 2개를 택하는 경우의 수는 4 × 3 ÷ 2 = 6가지입니다.
세 번째로 직육면체의 높이를 결정짓습니다. 높이는 파란색으로 표시된 5개의 줄 중 2개를 택하면 결정됩니다. 5개 중 2개를 택하는 경우의 수는 5 × 4 ÷ 2 = 10가지입니다.

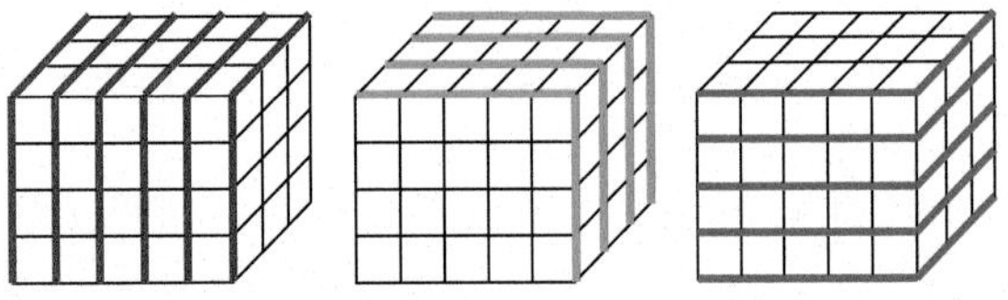

③ 직육면체를 만들기 위해서는 앞서 말한 세 가지 요인이 모두 필요하고, 세 요인에 의해 각 위치에 있는 직육면체가 모두 결정이 됩니다. 그러므로 ②에서 구한 세 요인을 구하는 경우의 수를 곱해 가능한 직육면체의 총 개수를 구합니다. 따라서 답은 15 × 6 × 10 = 900개입니다.

창의적문제해결수학 02 P. 25

[정답] 42가지

[풀이 과정]

① A지점에서 E지점으로 가는 방법은 중간에 한 지점을 거쳐가는 방법, 두 지점을 거쳐가는 방법, 세 지점을 거쳐가는 방법으로 나누어 구합니다.

② 첫 번째로, 한 지점을 거쳐가는 방법의 경우의 수를 구합니다.
A → B → E : A에서 B로 가는 경로는 트램1 + 버스2 = 3개, B에서 E를 가는 경로는 트램 1개이므로 A에서 B를 거쳐 E로 가는 경로는 3개입니다.
A → C → E : A에서 C로 가는 경로는 트램1 + 버스3 = 4개, C에서 E를 가는 경로는 트램 1개이므로 A에서 C를 거쳐 E로 가는 경로는 4개입니다.
A → D → E : A에서 D를 거쳐 E로 가는 경로는 트램으로만 갈 수 있으며 1개입니다.

③ 두 번째로, 두 지점을 거쳐가는 방법의 경우의 수를 구합니다.
A → B → C → E : A에서 B로 가는 경로는 3개, B에서 C로 가는 경로는 1개, C에서 E로 가는 경로는 1개이므로 A에서 B와 C를 거쳐 E로 가는 경로는 3개입니다.
A → C → D → E : A에서 C로 가는 경로는 4개, C에서 D로 가는 경로는 버스 3개, D에서 E로 가는 경로는 1개이므로 A에서 C와 D를 거쳐 E로 가는 경로는 4 × 3 = 12개입니다.
A → D → C → E : A에서 D로 가는 경로는 1개, D에서 C로 가는 경로는 버스 = 3개, C에서 E로 가는 경로는 1개이므로 A에서 D와 C를 거쳐 E로 가는 경로는 3개 입니다.
A → C → B → E : A에서 C로 가는 경로는 4개, C에서 B로 가는 경로는 1개, B에서 E로 가는 경로는 1개이므로 A에서 C, B를 거쳐 E로 가는 경로는 4개 입니다.

④ 세 번째로, 세 지점을 거쳐가는 방법의 경우의 수를 구합니다.
A → B → C → D → E : A에서 B로 가는 경로는 3개, B에서 C로 가는 경로는 1개, C에서 D로 가는 경로는 3개, D에서 E로 가는 경로는 1개이므로 A에서 B, C, D를 거쳐 E로 가는 경로는 3 × 3 = 9개 입니다.
A → D → C → B → E : A에서 D로 가는 경로는 1개, D에서 C로 가는 경로는 3개, C에서 B로 가는 경로는 1개, B에서 E로 가는 경로는 1개이므로 A에서 D, C, B를 거쳐 E로 가는 경로는 3개 입니다.

⑤ 마지막으로, ②, ③, ④에서 구한 모든 경우의 수를 더해 총 경우의 수를 구합니다.
A에서 E로 가는 총 경우의 수는 (3 + 4 + 1) + (3 + 12 + 3 + 4) + (9 + 3) = 42가지입니다. (정답)

2. 비둘기집 원리

대표문제1 확인하기 1 P. 31

[정답] 5짝

[풀이 과정]

① 양말은 모두 4종류라고 했으므로 4 + 1 = 5짝의 양말을 꺼내면 반드시 한 종류의 양말은 한 켤레(두 짝)가 됩니다.

② 5짝의 양말을 꺼내면 최악의 경우 4종류의 양말이 모두 한 짝씩 나오더라도 마지막 한 짝이 4종류 중 하나이기 때문에 짝이 맞는 한 켤레가 반드시 생기게 됩니다.

대표문제1 확인하기 2 P. 31

[정답] 9개

[풀이 과정]

① 쿠키는 모두 4가지 맛이라고 했으므로 (4 × 2) + 1 = 9개의 쿠키를 먹으면 반드시 한 가지 맛의 쿠키는 3개를 먹게 됩니다.

② 9개의 쿠키를 먹으면 최악의 경우 4가지 맛의 쿠키를 각 2개씩 8개를 먹는다고 하더라도 마지막 한 개의 쿠키가 4가지 맛 중 하나이기 때문에 반드시 한 가지 맛의 쿠키는 3개를 먹게 됩니다.

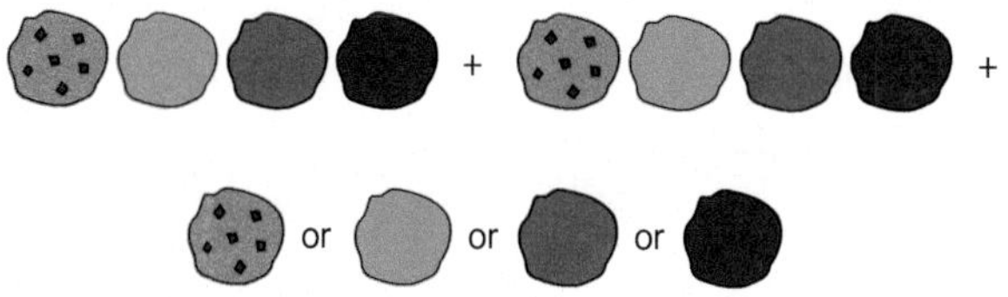

대표문제2 확인하기 1 P. 33

[정답] 15명

[풀이 과정]

① 요일은 월요일부터 일요일까지 총 7개의 요일이 있으므로 (7 × 2) + 1 = 15명의 친구가 있으면 반드시 태어난 요일이 같은 3명의 친구들이 있게 됩니다.

② 15명의 친구가 있으면 최악의 경우 14명의 태어난 요일이 월요일부터 일요일까지 각 두 명씩 있다고 하더라도 마지막 한 명이 태어난 요일 또한 월요일부터 일요일 중 하나이기 때문에 반드시 3명이 태어난 요일이 같게 됩니다.

대표문제2 확인하기 2 P. 33

[정답] 94명

[풀이 과정]

① 5월은 1일부터 31일까지 총 31일이 있으므로 (31 × 3) + 1 = 94명의 사람들이 있으면 반드시 생일이 같은 4명이 있게 됩니다.

② 94명의 사람들이 있으면 최악의 경우 태어난 요일이 1일부터 31일까지 각 세명씩 있어서 93명이 된다고 하더라도 마지막 한 명의 생일 또한 1일부터 31일까지 중 하나이기 때문에 반드시 4명의 생일이 같게 됩니다.

연습문제 01 P. 34

[정답] 11개

[풀이 과정]

① 박스 안에는 다섯 가지 색의 공이 들어있다고 했으므로 (5 × 2) + 1 = 11개의 공을 꺼내면 그 중 반드시 같은 색의 공 3개가 있게 됩니다.

② 11개의 공을 꺼내면 최악의 경우 다섯 가지 색으로 각 두 개씩 10개의 공을 꺼냈다고 하더라도 마지막 한 개의 공 또한 다섯 가지 색 중 하나이기 때문에 반드시 같은 색의 공 3개가 있게 됩니다.

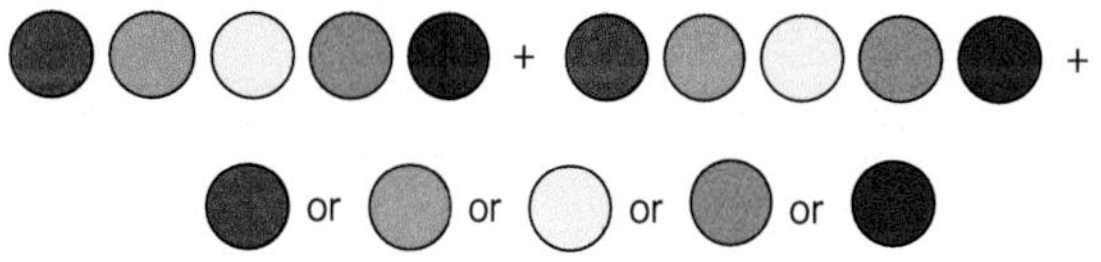

연습문제 02 P. 34

[정답] 7명

[풀이 과정]

① 세 가지 맛의 사탕이 여러 개씩 들어 있는 주머니에서 두 개의 사탕을 임의로 꺼냈을 때 나올 수 있는 조합은 모두 6가지입니다.

② 세 가지 맛의 사탕 중 두 개의 사탕을 먹는 조합은 6가지이므로 6 + 1 = 7명의 아이들이 발표를 한다면 그 중 반드시 같은 조합으로 사탕을 고르는 아이들이 두 명 이상 있게 됩니다.

③ 7명의 친구들이 두 개씩 사탕을 고르면 최악의 경우 6명이 ①에서의 모든 조합을 하나씩 뽑더라도 마지막 한 명 또한 6가지 조합 중 하나를 뽑게 되므로 반드시 뽑은 사탕의 조합이 같은 두 명이 있게 됩니다.

2 정답 및 풀이

연습문제 03 ······ P. 34

[정답] 21명

[풀이 과정]

① 9개의 풍선에 9번의 다트를 던져 나올 수 있는 모든 점수의 가짓수는 0점부터 9점까지 총 10개 입니다.

② 모두 10가지의 점수가 나올 수 있으므로 (10 × 2) + 1 = 21명의 친구들이 게임을 하면 그 중 반드시 점수가 같은 친구들이 3명 이상 있게 됩니다.

③ 21명의 친구들이 게임을 하면 최악의 경우 20명이 0점부터 9점까지 각 두 명씩 10가지의 점수를 얻더라도 마지막 한 명 또한 10가지 중 하나의 점수를 얻게 되므로 반드시 점수가 같은 3명이 있게 됩니다.

연습문제 04 ······ P. 35

[정답] 풀이 과정 참조

[풀이 과정]

① 1년이 총 몇 주인지를 구하기 위해 366일을 7로 나누어 줍니다. (365일이 아닌 윤년 366일로 계산해 어떠한 경우도 포함되게 합니다.)

② 366 ÷ 7 = 52 ··· 2 계산 결과 52주 하고도 이틀이 남기 때문에 1년은 총 53주인 것을 알 수 있습니다.

③ 4학년 학생수는 120명이라고 했으므로 120을 53으로 나눠 53이 몇 번 들어갈 수 있는지 구합니다.

④ 120 ÷ 53 = 2 ··· 14 계산 결과 120에는 53이 2번 들어가고도 14가 남습니다. 이를 해석하면, 120명이 있으면 최악의 경우 106명이 태어난 주가 1번째주부터 53번째주까지 각 두 명씩 있다고 하더라도 남은 14명의 태어난 주 또한 53주 중 하나이기 때문에 반드시 태어난 주가 같은 3명이 있게 됩니다.

연습문제 05 ······ P. 35

[정답] 63명

[풀이 과정]

① 생일은 1년 366일 총 366가지의 경우를 가집니다. (365일이 아닌 윤년 366일로 계산해 어떠한 경우도 포함되게 합니다.)

② 생일은 366개의 가짓수를 가지므로 (366 × 2) + 1 = 733명의 친구들이 있으면 그 중 반드시 생일이 같은 친구들이 3명 이상 있게 됩니다.

③ 733명의 친구들이 있으면 최악의 경우 732명이 366개의 가짓수로 각 두 명씩 있다고 하더라도 남은 한 명 또한 366가지 중 하나를 가지므로 반드시 생일이 같은 3명이 있게 됩니다.

④ 현재 상상이네 전체 학생수는 670명이므로, 733명이 되기 위해선 733 - 670 = 63명이 더 전학을 와야만 합니다.

연습문제 06 ······ P. 35

[정답] 10명

[풀이 과정]

① 어린이 풀장에 출입 가능한 나이는 5살부터 13살까지로 9개의 가짓수를 가집니다.

② 어린이 풀장에 출입 가능한 나이의 가짓수는 9개라고 했으므로 9 + 1 = 10명이 있으면 반드시 나이가 같은 어린이가 두 명 이상 있게 됩니다.

③ 10명의 어린이가 출입하면 최악의 경우 9명의 나이가 모두 다르다고 하더라도 마지막 한 명이 9개의 나이 중 하나이기 때문에 반드시 나이가 같은 두 명의 어린이가 있게 됩니다.

연습문제 07 ······ P. 36

[정답] 풀이과정 참조

[풀이 과정]

① 2개의 버튼을 켜고 끌 수 있는 방법은 모두 2 × 2 = 4가지입니다.

② 상자가 5개 있으므로 ①에서 처럼 모두 다른 상태의 4개의 상자가 있다고 하더라도 마지막 한 개의 상자 또한 4가지 방법 중 한 가지 방법으로 조작되기 때문에 반드시 같은 방법으로 조작된 상자가 두 개 이상 있게 됩니다.

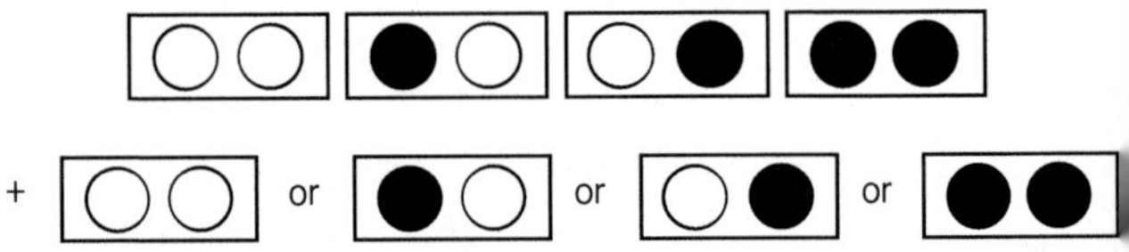

③ 따라서 다섯개의 상자의 모습을 모두 다른 모습으로 만들 수 없습니다.

연습문제 08 P. 36

[정답] 36장

[풀이 과정]

① 정육면체는 면이 6개이므로 모든 면을 같은 색 색종이로 붙이기 위해선 같은 색 색종이가 6장이 필요합니다. 어떤 경우에도 7가지의 색종이 중 같은 색 색종이 6장을 뽑기 위해선 적어도 몇 장을 뽑아야 하는지 구합니다.

② (7 × 5) + 1 = 36장의 색종이를 뽑으면 반드시 같은 색의 색종이 6장이 있게 됩니다.

③ 최악의 경우 7가지 색의 색종이를 각 5장씩 35장 뽑았다고 하더라도 마지막 한 장의 색종이가 7가지 중 하나이기 때문에 같은 색의 색종이 6장이 반드시 있게 됩니다.

연습문제 09 P. 37

[정답] 7장

[풀이 과정]

① 먼저 1부터 10까지 중 두 수의 차가 6이 되는 경우를 찾으면 (1, 7), (2, 8), (3, 9), (4, 10) 네 가지가 있습니다.

② 1부터 10까지 중 ①의 네 가지 경우에 포함 되지 않는 수는 5와 6으로 2개 입니다.

③ 최악의 경우 ①의 네 가지 경우 중에서 각 하나씩 4개의 수를 뽑고, ①에 해당하지 않는 2개의 수 5, 6을 뽑습니다. 이렇게 6개의 수를 뽑는다고 하더라도 남은 4개의 수가 모두 ①의 네 가지 경우에서 각 하나씩 남은 수이기 때문에 4개 중 어떤 하나를 뽑아도 차가 6이 되는 경우가 반드시 생깁니다.

④ 따라서 적어도 7장의 카드를 뽑으면 반드시 차가 6인 두 수가 있게 됩니다.

연습문제 10 P. 37

[정답] 127명

[풀이 과정]

① 한 사람이 한 개 혹은 두 개의 쿠키를 가져갈 수 있는 방법은 모두 14가지입니다.

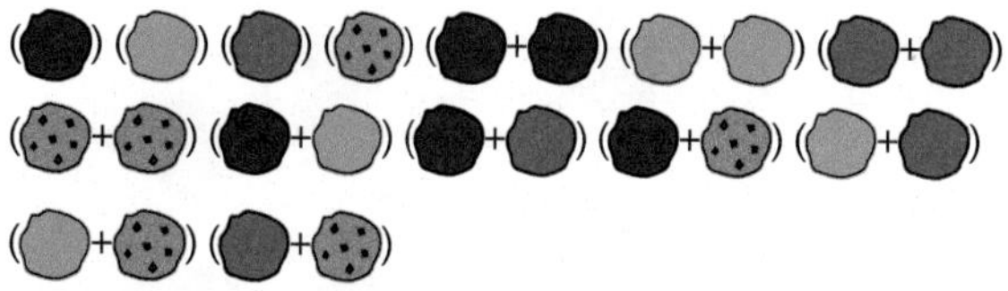

② 최악의 경우 위 14가지를 균등하게 각 9명씩 가져간다면 14 × 9 = 126명이 됩니다. 나머지 127번째 손님이 쿠키를 받아도 위 14가지 조합 중 하나입니다.

③ 따라서 쿠키의 개수, 종류를 똑같이 가져간 손님이 반드시 10명 이상이기 위해서는 적어도 127명의 손님이 쿠키를 받아야 합니다. (정답)

심화문제 01 P. 38

[정답] 64개

[풀이 과정]

① 초록색과 노란색 공은 각 10개, 흰색 공은 5개가 들어 있으므로 같은 색 공을 20개 꺼낼 수 없습니다.

② 빨간색과 파란색 공은 각 30개씩 들어 있으므로 같은 색 공을 20개 꺼낼 수 있습니다.

③ 최악의 경우 초록색과 노란색 공 각 10개씩 20개, 흰색 공 5개, 빨간색과 파란색 공 각 19개씩 38개를 모두 뽑습니다. 이렇게 10 + 10 + 5 + 19 + 19 = 63개의 공을 뽑는다고 하더라도 남은 공들이 빨간색 혹은 파란색뿐이기 때문에 한 개의 공을 더 뽑으면 같은 색 공 20개가 반드시 있게 됩니다.

④ 따라서 반드시 같은 색 공을 20개 이상 꺼내기 위해 필요한 최소한의 공의 개수는 63 + 1 = 64개 입니다. (정답)

3 정답 및 풀이

심화문제 02 ········· P. 39

[정답] 풀이 과정 참조

[풀이 과정]

① 3칸으로 나누어진 도형을 흰색이나 검은색으로 칠할 수 있는 방법은 모두 2 × 2 × 2 = 8가지입니다.

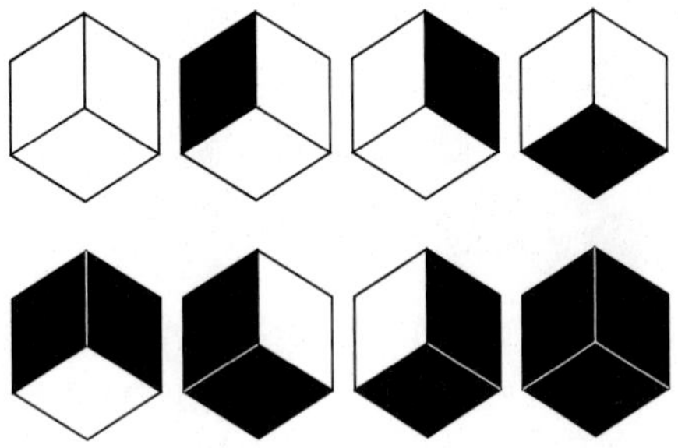

② 도형이 9개 있으므로 ①에서 처럼 모두 다르게 칠해진 8개의 도형이 있다고 하더라도 마지막 하나의 도형 또한 8가지 방법 중 한 가지 방법으로 색칠되기 때문에 반드시 똑같이 색칠된 도형 두 개가 있게 됩니다.

심화문제 03 ········· P. 40

[정답] 57개

[풀이 과정]

① 네 가지 젤리 중 반드시 같은 젤리 10개를 꺼내기 위해선 최소한 (4 × 9) + 1 = 37개의 젤리가 필요합니다.

② 37개의 젤리 중엔 반드시 10개의 같은 젤리가 있으므로 10개의 젤리를 한 봉지에 포장하면 27개의 젤리가 남습니다.

③ ①에서 처럼 반드시 같은 젤리 10개가 있기 위해선 최소 37개의 젤리가 필요합니다. ②에서 27개의 젤리가 남았다고 했으므로 10개의 젤리를 더 꺼내 37개의 젤리를 만들고 이 중에 있는 10개의 같은 젤리를 한 봉지에 포장합니다. 10개의 젤리를 포장하면 다시 27개의 젤리가 남게 됩니다.

④ 젤리 3봉지를 포장한다고 했으므로 ③의 과정을 한 번 더 진행합니다. 따라서 최소 37 + 10 + 10 = 57개의 젤리가 있으면 반드시 3봉지의 젤리를 포장할 수 있습니다.

심화문제 04 ········· P. 41

[정답] 13개

[풀이 과정]

① 먼저 1부터 20까지 중 두 수의 합이 25가 되는 경우를 찾으면 (5, 20), (6, 19), (7, 18), (8, 17), (9, 16), (10, 15), (11, 14), (12, 13) 8가지가 있습니다

② 1부터 20까지 중 ①의 8가지 경우에 포함 되지 않는 수는 1, 2, 3, 4로 4개 입니다.

③ 최악의 경우 ①의 8가지 경우 중에서 각 하나씩 8개의 수를 뽑고, ①에 해당하지 않는 4개의 수를 뽑습니다.

④ 최악의 경우 이렇게 12개의 수를 뽑은 후 남은 8개의 수 중 1개를 뽑으면 이 수는 ①의 경우 중 합이 25가 되는 수 중 하나 입니다.

⑤ 따라서 1~20 중 13개의 수를 뽑으면 반드시 그 안에 합이 25인 두 수가 존재하게 됩니다.

창의적문제해결수학 01 ········· P. 42

[정답] 1081명

[풀이 과정]

① 4월은 30일까지 있는 달이므로 4월에 가능한 생일은 30개의 가짓수를 가집니다.

② 띠는 12개의 가짓수를 가집니다.

③ 생일과 띠를 조합해 나올 수 있는 경우의 수는 30 × 12 = 360가지입니다.

④ 따라서 (360 × 3) + 1 = 1081명의 회원이 있으면 반드시 생일과 띠가 모두 같은 회원들이 4명 이상 있게 됩니다.

⑤ 1081명의 회원이 있으면 최악의 경우 1080명이 360의 가짓수로 각 세 명씩 있다고 하더라도 남은 한명 또한 360가지 중 하나이므로 반드시 생일과 띠가 같은 4명이 있게 됩니다.

창의적문제해결수학 02 ········· P. 43

[정답] 61가지

[풀이 과정]

① 먼저 만들 수 있는 디저트 세트의 가짓수를 구합니다. 1층에는 4가지 빵 중 하나, 2층에는 3가지 쿠키 중 하나, 3층에는 5가지 과일 중 하나를 고르면 되므로 만들 수 있는 디저트 세트의 가짓수는 4 × 3 × 5 = 60가지입니다.

② 따라서 60 + 1 = 61명의 손님이 있으면 반드시 모두 같은 조합의 디저트 세트를 먹는 사람들이 적어도 두 명 이상 있게 됩니다.

③ 61명의 손님이 있으면 최악의 경우 60명이 먹은 디저트 세트의 조합이 모두 다르더라도 남은 한 명 또한 60가지 중 하나의 디저트 세트를 먹게 되므로 반드시 같은 조합의 디저트 세트를 먹는 사람이 2명 있게 됩니다.

3. 최단 거리

대표문제 I 확인하기 1 P. 49

[정답] 20가지

[풀이 과정]

① 먼저 A에서 최단 경로로 갈 수 있는 방법이 한 개 뿐인 꼭짓점에 숫자 1을 표시합니다.

② 그 다음 출발점에서 떨어져 있는 꼭짓점에도 알맞은 수를 표시합니다. 꼭짓점 옆에 표시할 숫자는 그 꼭짓점까지 가려면 반드시 직전에 거치게 되는 두 꼭짓점에 표시된 두 수를 더해 구합니다.

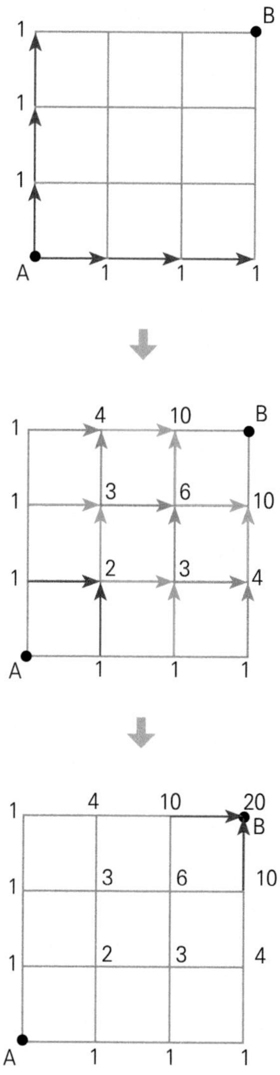

③ 따라서 ①, ②의 결과 A에서 B까지 최단 거리로 갈 수 있는 가짓수는 20가지입니다. (정답)

대표문제 I 확인하기 2 P. 49

[정답] 23가지

[풀이 과정]

① 먼저 A에서 최단 경로로 갈 수 있는 방법이 한 개 뿐인 꼭짓점에 숫자 1을 표시합니다.

② 그 다음 출발점에서 떨어져 있는 꼭짓점에도 알맞은 수를 표시합니다. 꼭짓점 옆에 표시할 숫자는 그 꼭짓점까지 가려면 반드시 직전에 거치게 되는 두 꼭짓점에 표시된 두 수를 더해 구합니다.

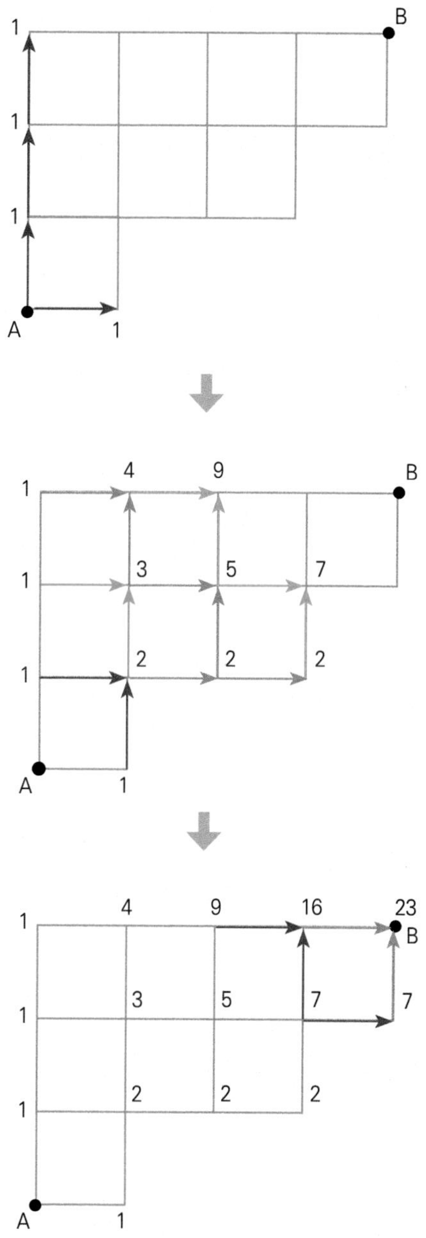

③ 따라서 ①, ②의 결과 A에서 B까지 최단 거리로 갈 수 있는 가짓수는 23가지입니다. (정답)

대표문제 2 확인하기 ·························· P. 51

[정답] 90가지

[풀이 과정]

① 집에서 서점까지 최단 거리로 가는 길의 가짓수, 서점에서 학교까지 최단 거리로 가는 길의 가짓수를 각각 구하고 두 가짓수를 곱하여 답을 구합니다. □는 집에서 서점까지, □는 서점에서 학교까지 최단 거리로 가는 경우 돌아가는 경우를 제외한 길을 각 색깔의 굵은 선으로 표시한 것입니다.

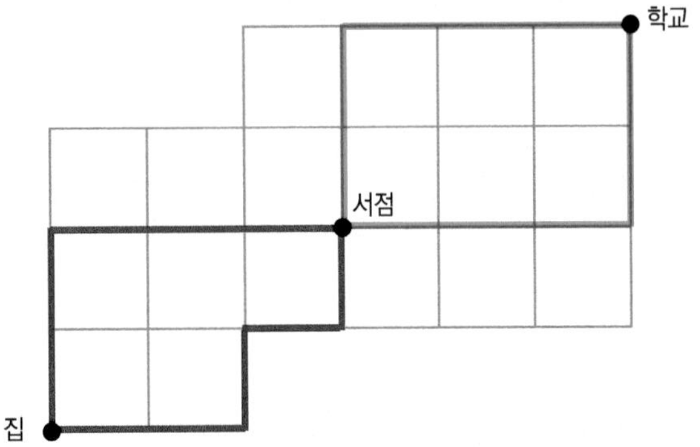

② 집에서 서점까지 최단 거리로 가는 길의 가짓수는 9가지입니다.

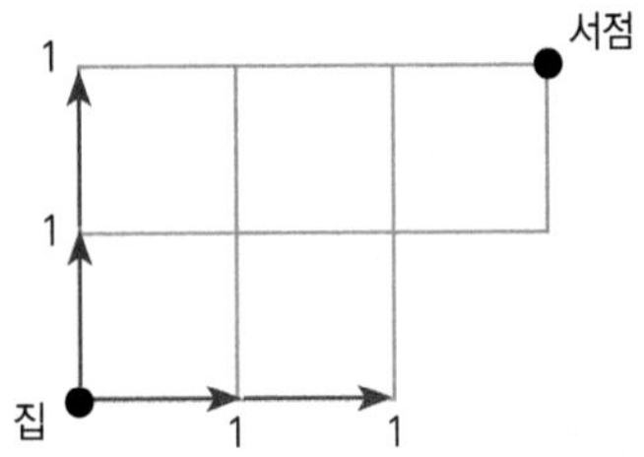

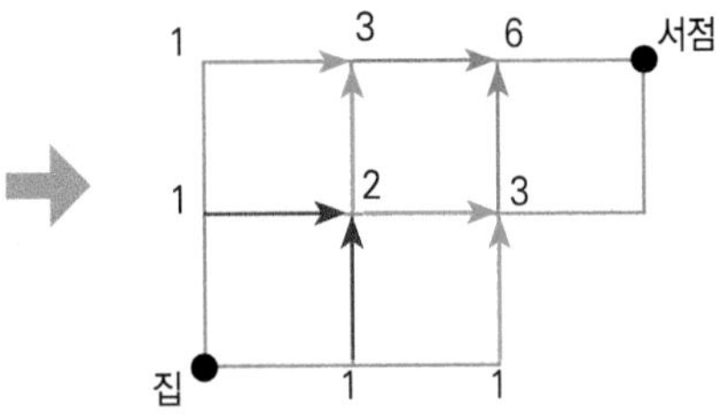

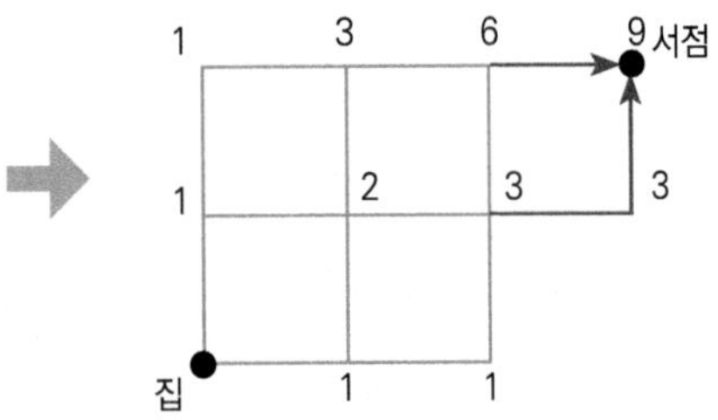

③ 서점에서 학교까지 최단 거리로 가는 길의 가짓수는 10가지입니다.

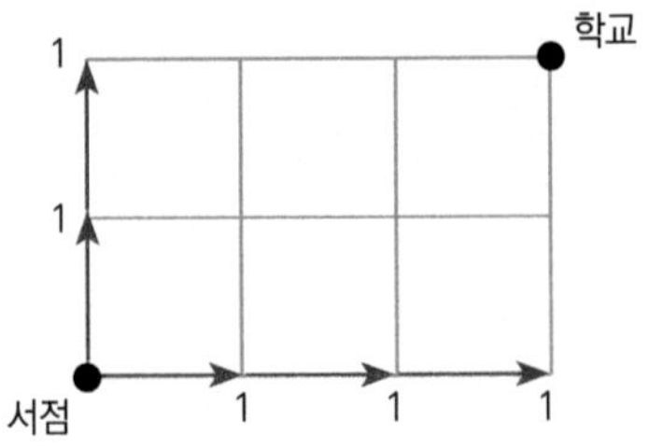

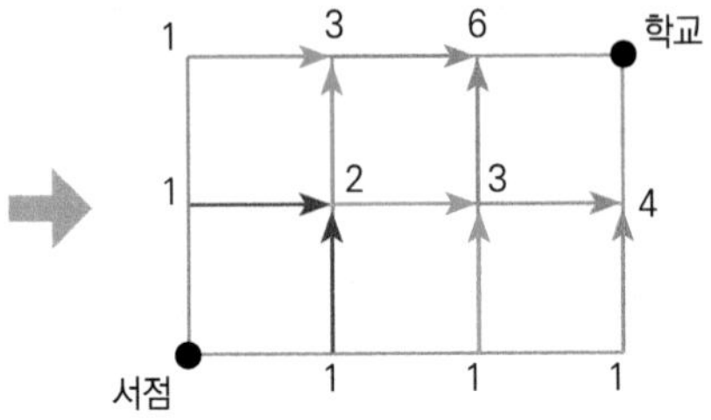

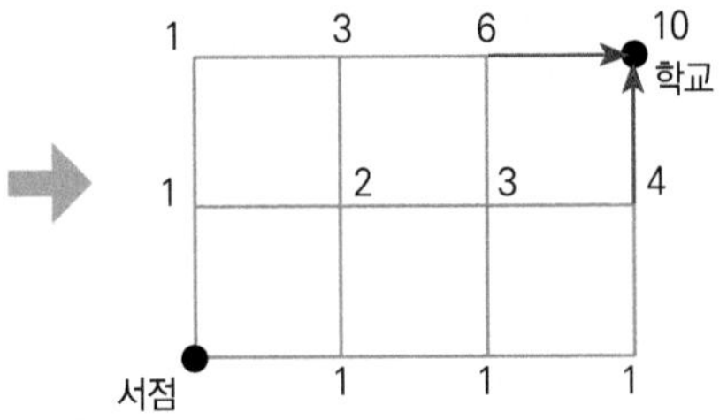

④ ②, ③의 계산 결과 □(집 → 서점) = 9가지, □(서점 → 학교) = 10가지 이므로 집에서 서점을 들러 학교까지 최단 거리로 가는 길의 가짓수는 9 × 10 = 90가지입니다. (정답)

연습문제 01 ·························· P. 52

[정답] 105가지

[풀이 과정]

① 최단 거리로 갈 수 있는 길의 가짓수이므로 위로 돌아가는 경우는 포함하지 않습니다. 따라서 포함되지 않는 부분은 제거하고 생각합니다.

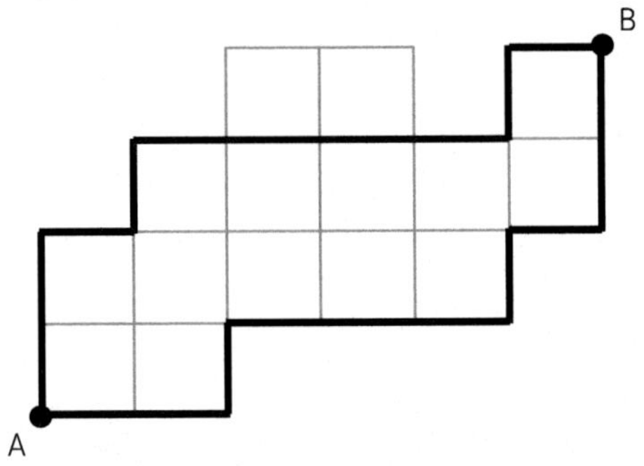

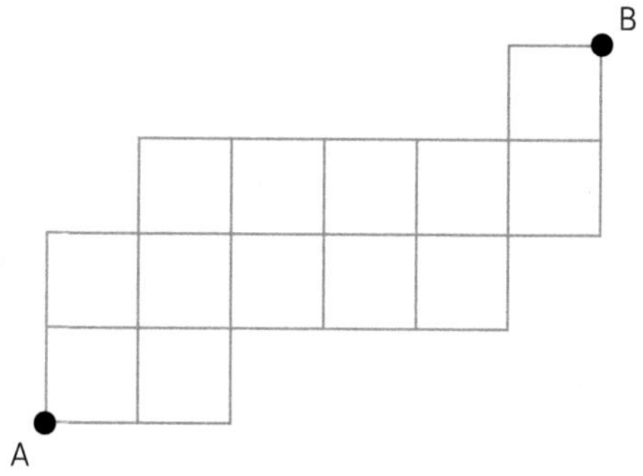

② 먼저 A에서 최단 경로로 갈 수 있는 방법이 한 개 뿐인 꼭짓점에 숫자 1을 표시합니다.

③ 그 다음 출발점에서 떨어져 있는 꼭짓점에도 알맞은 수를 표시합니다. 꼭짓점 옆에 표시할 숫자는 그 꼭짓점까지 가려면 반드시 직전에 거치게 되는 두 꼭짓점에 표시된 두 수를 더해 구합니다.

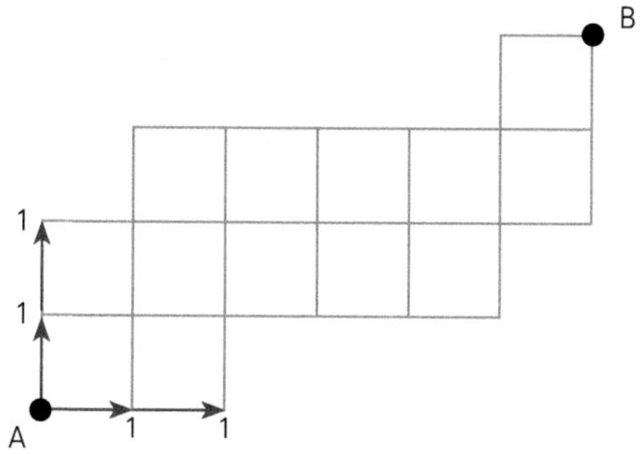

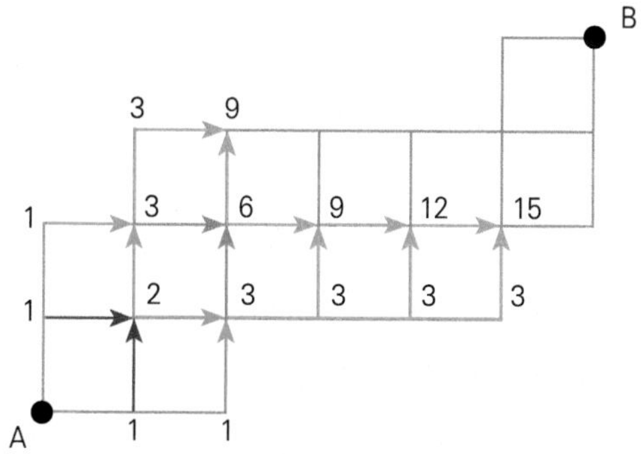

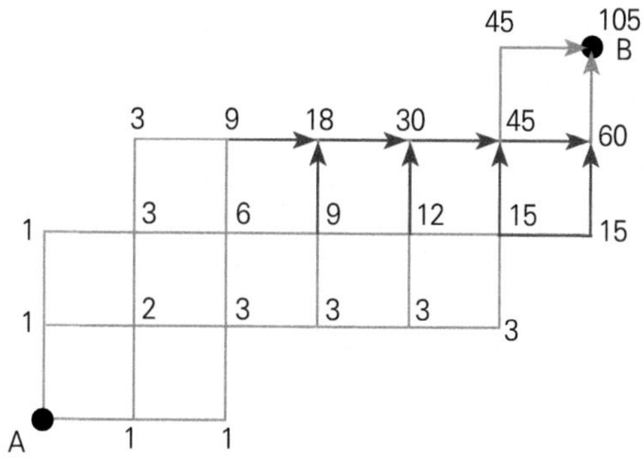

④ 따라서 ②, ③의 결과 A에서 B까지 최단 거리로 갈 수 있는수는 105가지입니다.

[정답] 7가지

[풀이 과정]

① 대각선이 있는 부분은 대각선을 이용하는 것이 최단 거리입니다.

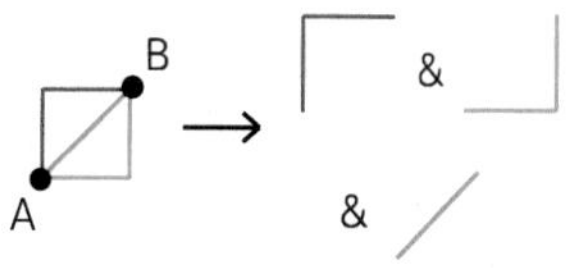

왼쪽 그림과 같이 A에서 B까지 가는 세 개의 길 중 대각선으로 가는길(초록색 길)의 길이가 가장 짧습니다.

② 길을 돌아가지 않으면서 대각선을 최대로 이용할 경우 2개의 대각선을 지날 수 있습니다. 길을 돌아가지 않으면서 2개의 대각선을 모두 이용하는 경우는 다음과 같이 3가지입니다.

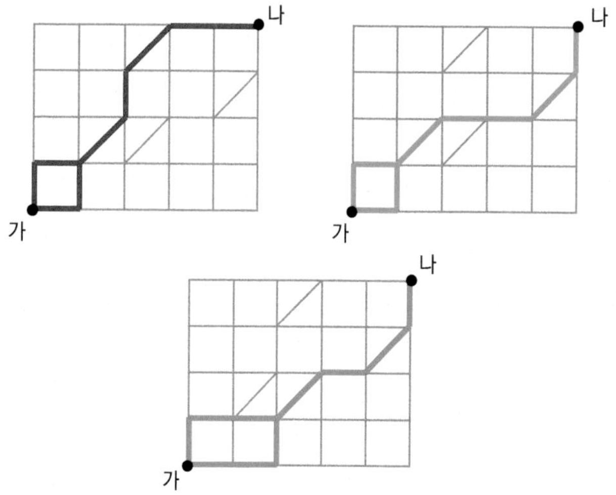

③ 각 경우마다 최단 거리로 갈 수 있는 길의 가짓수를 구합니다.

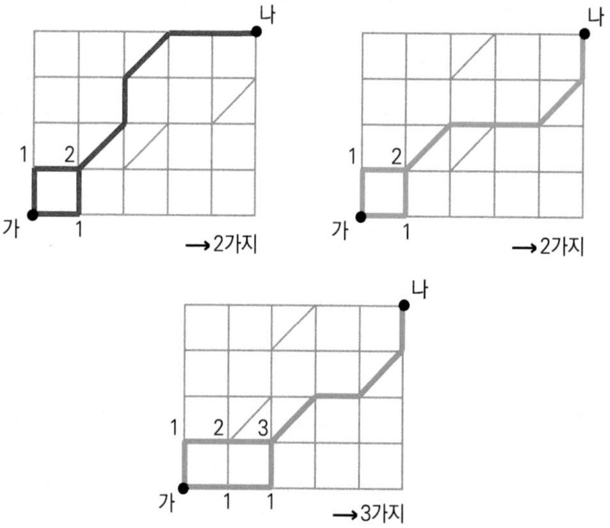

④ 따라서 가에서 나까지 최단 거리로 갈 수 있는 길의 가짓수는 2 + 2 + 3 = 7가지입니다.

연습문제 03 .... P. 52

[정답] 196가지

[풀이 과정]

① 무우네 집에서 빵집까지 최단 거리로 가는 길의 가짓수, 빵집에서 상상이네 집까지 최단 거리로 가는 길의 가짓수를 각각 구하고 두 가짓수를 곱하여 답을 구합니다. □는 무우네 집에서 빵집까지, □는 빵집에서 상상이네 집까지 최단 거리로 가는 경우, 돌아가는 경우를 제외한 길을 각 색깔의 굵은 선으로 표시한 것입니다.

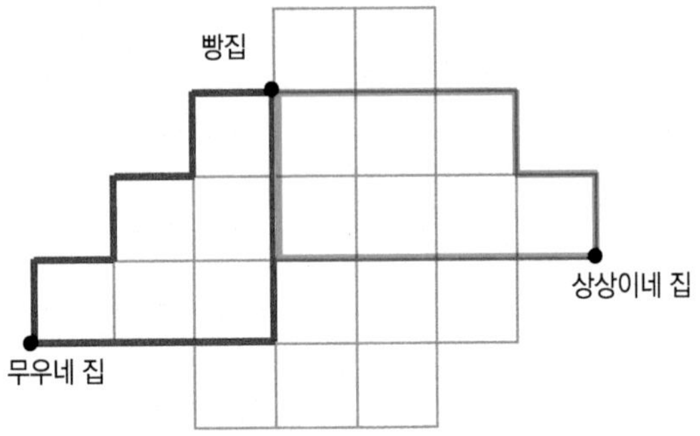

② 무우네 집에서 빵집까지 최단 거리로 가는 길의 가짓수는 14가지입니다.

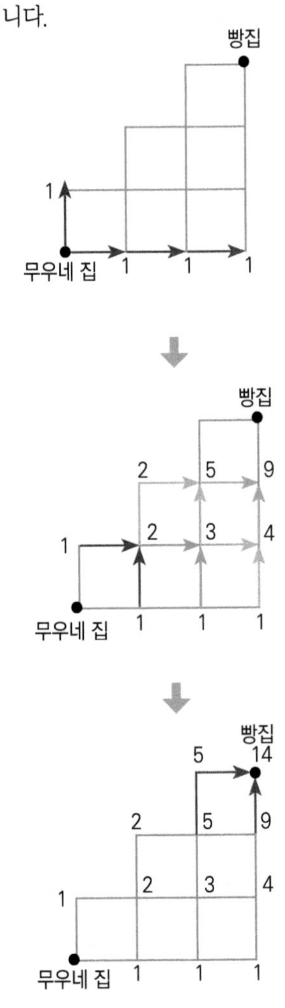

③ 빵집에서 상상이네 집까지 최단 거리로 가는 길의 가짓수는 14가지입니다.

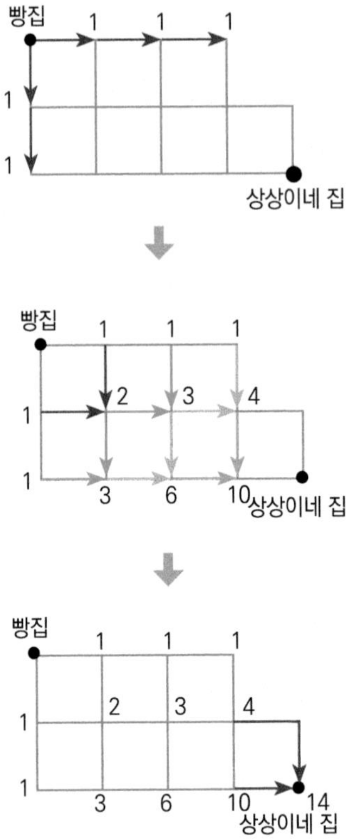

④ ②, ③의 계산 결과 □(무우네 집 → 빵집) = 14가지, □(빵집 → 상상이네 ㅇ집) = 14가지 이므로 무우네 집에서 빵집을 들러 상상이네 집까지 최단 거리로 가는 길의 가짓수는 14 × 14 = 196가지입니다.

연습문제 04 .... P. 53

[정답] 40가지

[풀이 과정]

① 먼저 집에서 최단 경로로 갈 수 있는 방법이 한 개 뿐인 꼭짓점에 숫자 1을 표시합니다.

② 그 다음 출발점에서 떨어져 있는 꼭짓점에도 알맞은 수를 표시합니다. 꼭짓점 옆에 표시할 숫자는 그 꼭짓점까지 가려면 반드시 직전에 거치게 되는 두 꼭짓점에 표시된 두 수를 더해 구합니다. 공사중인 지점은 지나칠 수 없으므로 유의하도록 합니다.

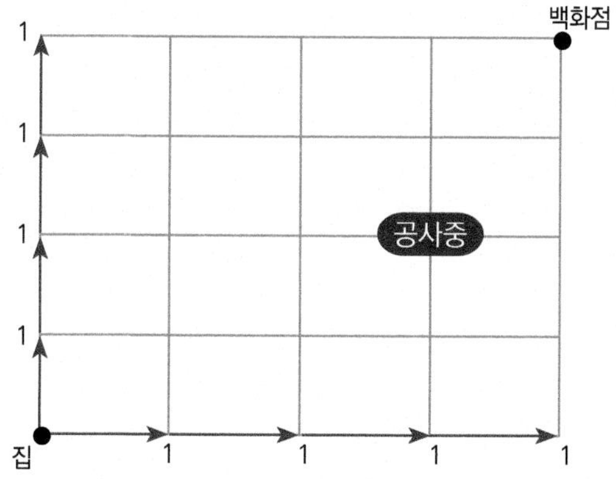

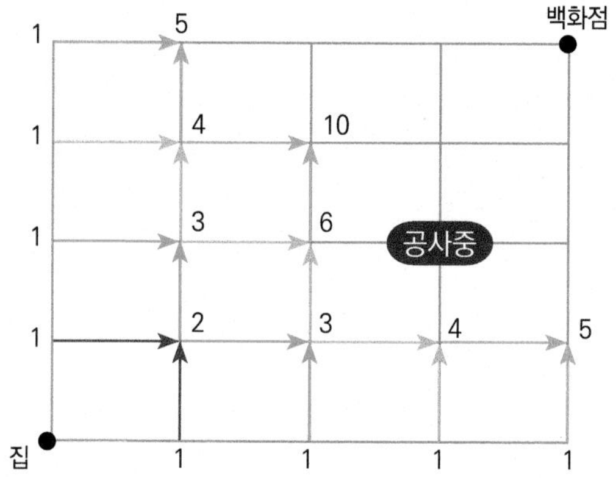

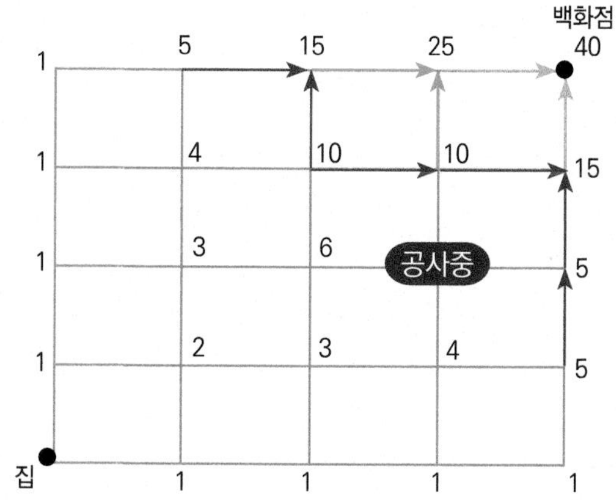

③ 따라서 ①, ②의 결과 집에서 백화점까지 최단 거리로 갈 수 있는 가짓수는 40가지입니다.

연습문제 **05** .... P. 53

[정답] 39가지

[풀이 과정]

① 먼저 A에서 최단 경로로 갈 수 있는 방법이 한 개 뿐인 꼭짓점에 숫자 1을 표시합니다.

② 그 다음 출발점에서 떨어져 있는 꼭짓점에도 알맞은 수를 표시합니다. 꼭짓점 옆에 표시할 숫자는 그 꼭짓점까지 가려면 반드시 직전에 거치게 되는 두 꼭짓점에 표시된 두 수를 더해 구합니다.

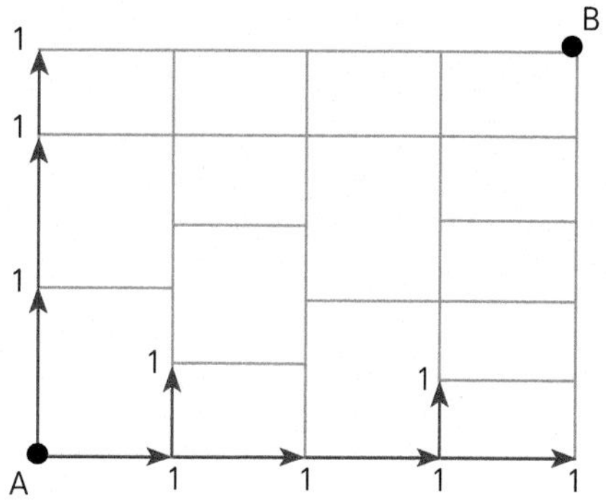

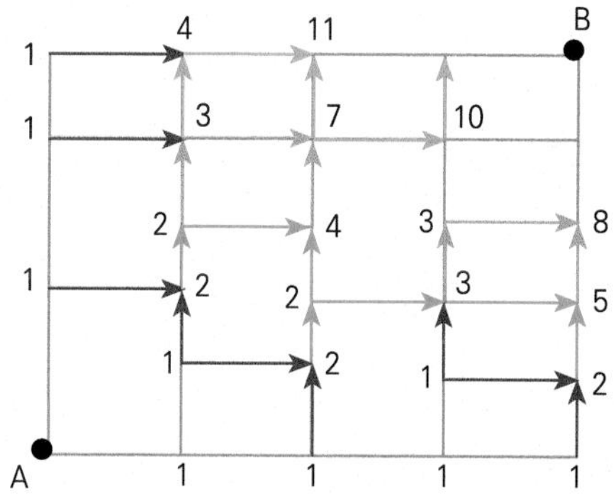

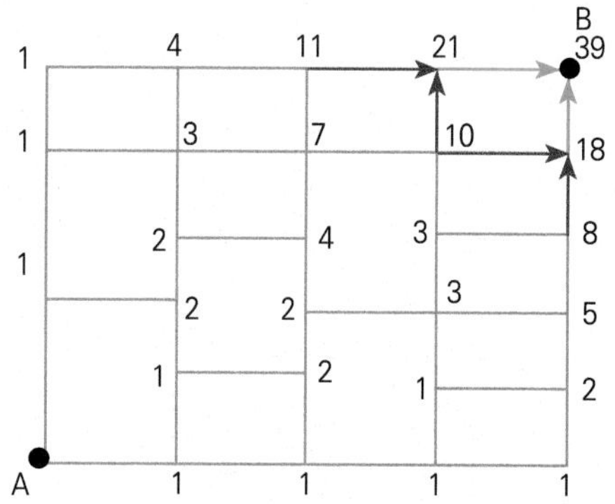

③ 따라서 ①, ②의 결과 A에서 B까지 최단 거리로 갈 수 있는 가짓수는 39가지입니다.

연습문제 06 .... P. 53

[정답] 15가지

[풀이 과정]

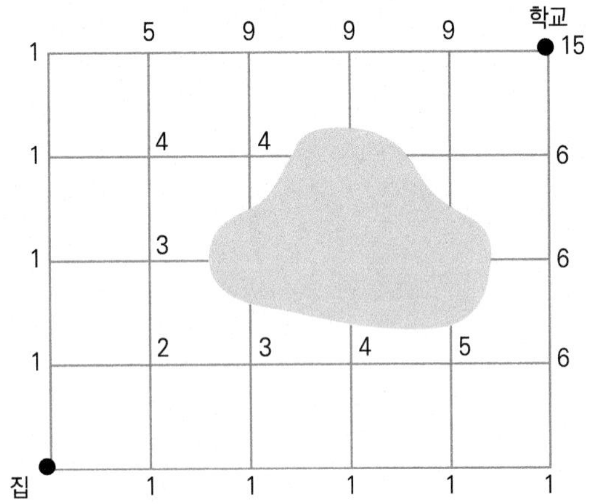

① 수정이가 집에서부터 물이 넘친 길을 피해 학교로 가는 최단 경로의 가짓수는 15가지입니다.

연습문제 07 .... P. 54

[정답] 69가지

[풀이 과정]

① 정해진 방향으로 갈 경우 최단 거리가 되지 않는 길은 × 표시하고 이용하지 않습니다.

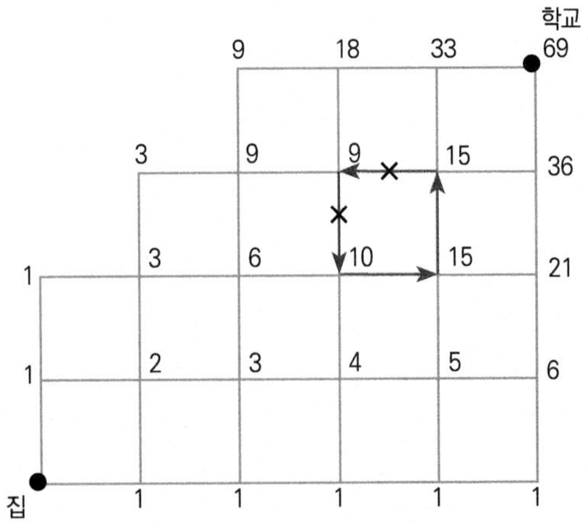

② A에서 B까지 최단 거리로 갈 수 있는 길의 가짓수는 69가지입니다.

연습문제 08 .... P. 54

[정답] 42가지

[풀이 과정]

① 그 길로 갈 경우 최단 거리가 되지 않는 길은 × 표시하고 이용하지 않습니다.

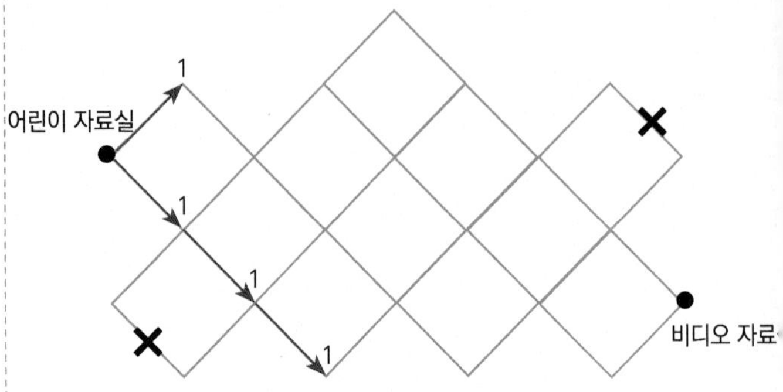

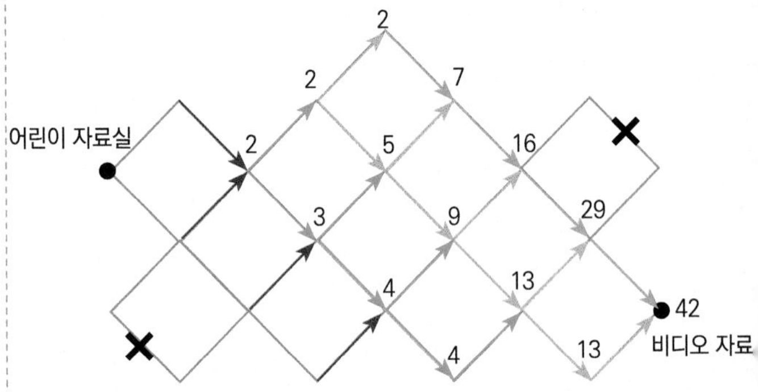

② 소영이가 어린이 자료실에서 비디오 자료실까지 최단 경로로 갈 수 있는 길의 가짓수는 42가지입니다.

연습문제 **09** .... P. 55

[정답] 162가지

[풀이 과정]

① 집에서 서점까지, 서점에서 학원 집까지 최단 거리로 가는 길의 가짓수를 각각 구하고 두 가짓수를 곱하여 답을 구합니다.

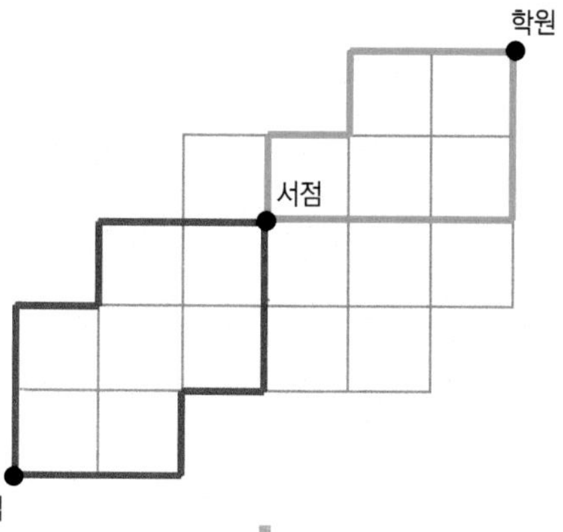

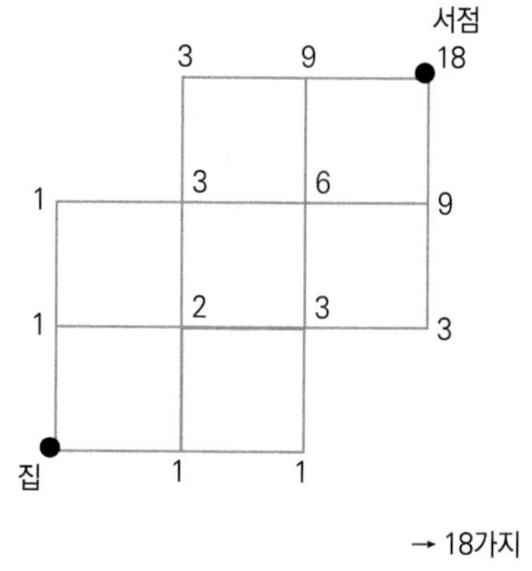

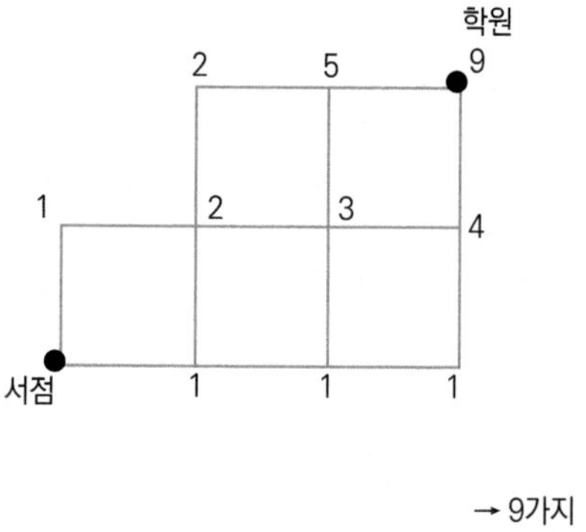

② 상준이가 집에서부터 서점을 들러 학원에 가는 최단 경로의 가짓수는 18 × 9 = 162가지입니다.

연습문제 **10** .... P. 55

[정답] 12가지

[풀이 과정]

① 길을 돌아가지 않으면서 대각선을 최대로 이용할 경우 2개의 대각선을 지날 수 있습니다. 길을 돌아가지 않으면서 2개의 대각선을 모두 이용하는 경우는 다음과 같이 4가지입니다.

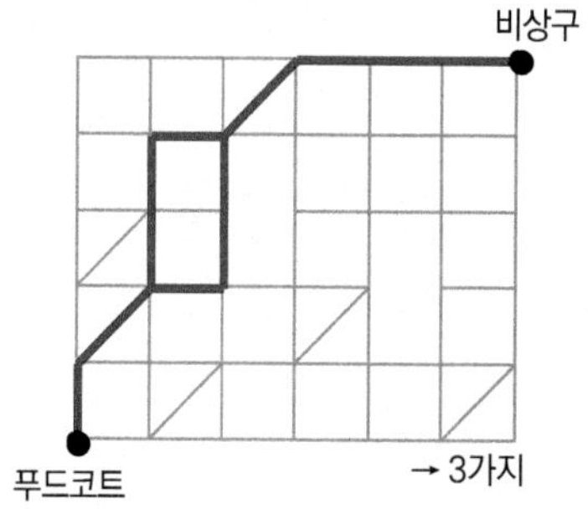

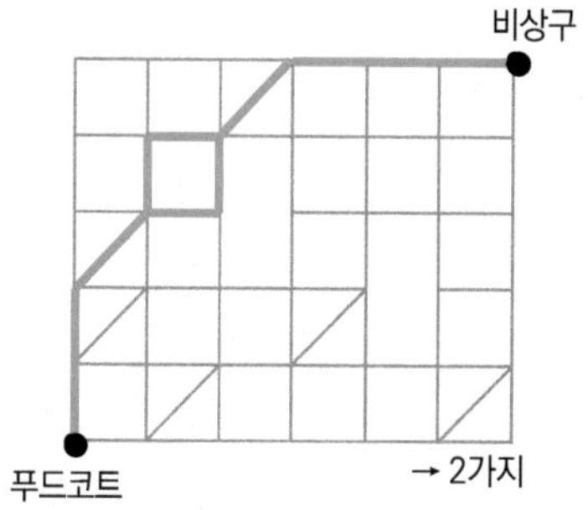

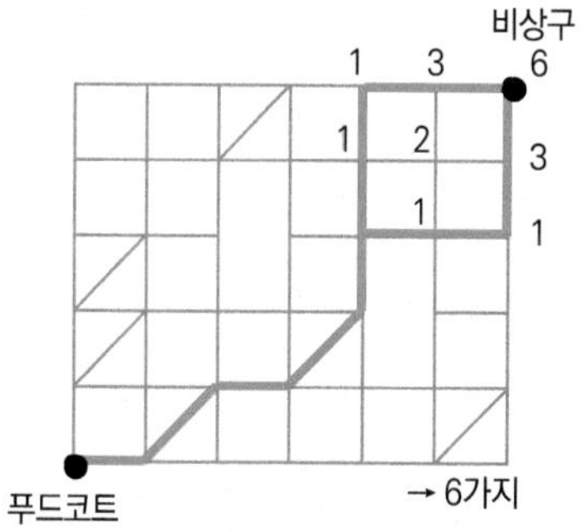

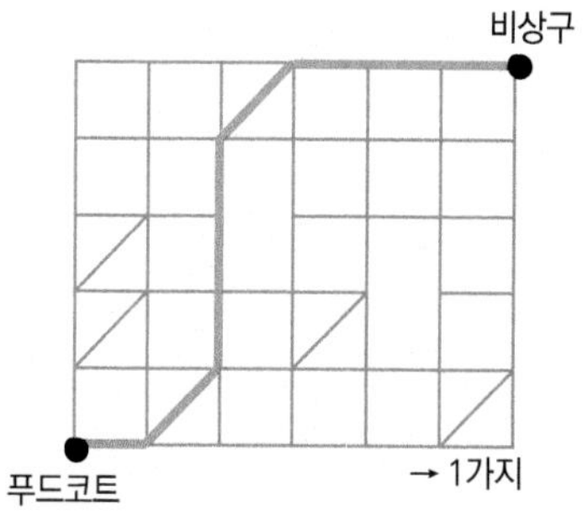

② 따라서 푸드코트에서 비상구까지 최단 경로로 갈 수 있는 길의 가짓수는 3 + 2 + 6 + 1 = 12가지입니다.

심화문제 01 P. 56

[정답] 35가지

[풀이 과정]

① 최단 거리로 가야하므로 돌아가게 되는 길은 포함시키지 않습니다.

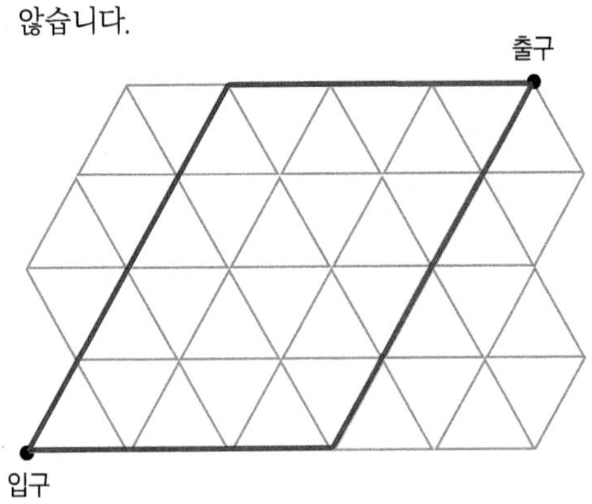

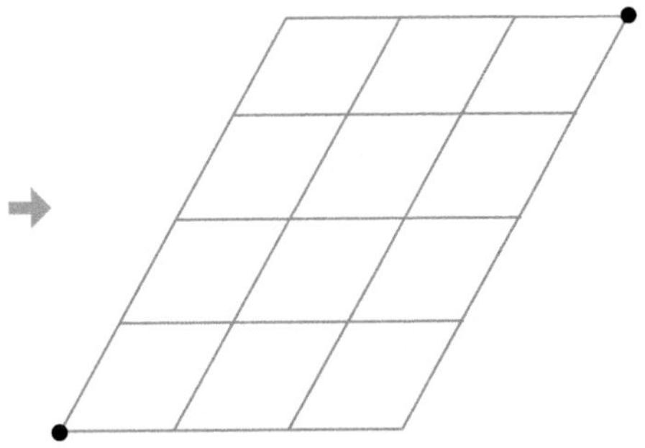

② 길을 돌아가지 않도록 유의해 가짓수를 세어줍니다.

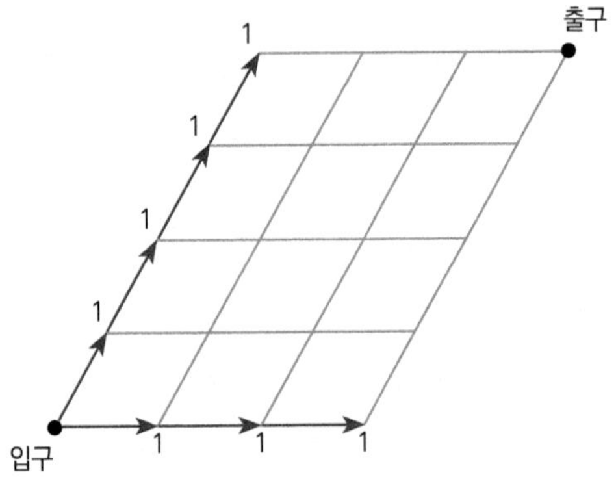

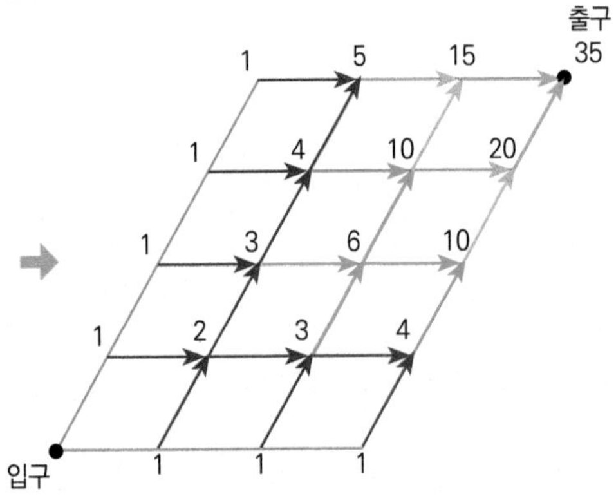

③ 박물관 입구에서부터 출구까지 최단 거리로 갈 수 있는 경로의 가짓수는 35가지입니다.

심화문제 02 P. 57

[정답] 15가지

[풀이 과정]

① 상상이네 집에서 마트까지, 마트에서 알알이네 집까지 최단 거리로 가는 길의 가짓수를 각각 구하고 두 가짓수를 곱하여 답을 구합니다. 대각선을 이용하는 길이 최단거리 입니다.

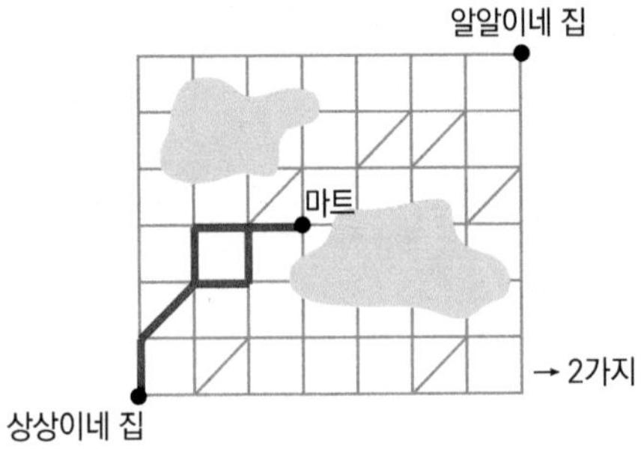

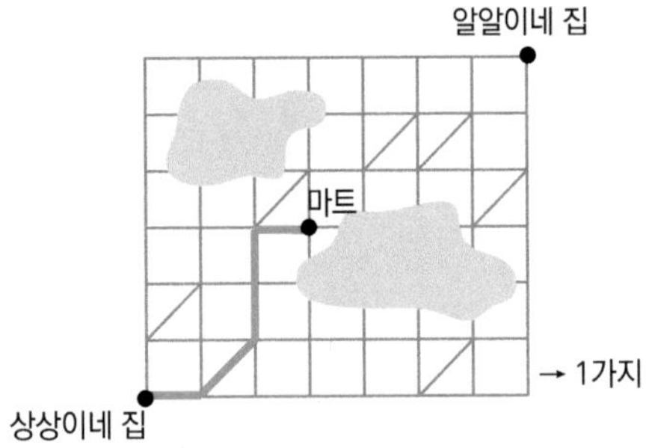

② 상상이네 집에서 마트로 가는 최단 경로의 가짓수는 2 + 1 = 3가지입니다.

③ 마트에서 알알이네 집으로 가는 최단 경로의 가짓수는 3 + 2 = 5가지입니다.

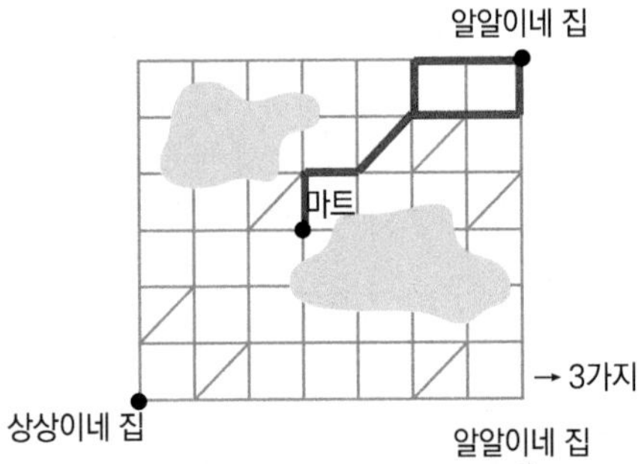

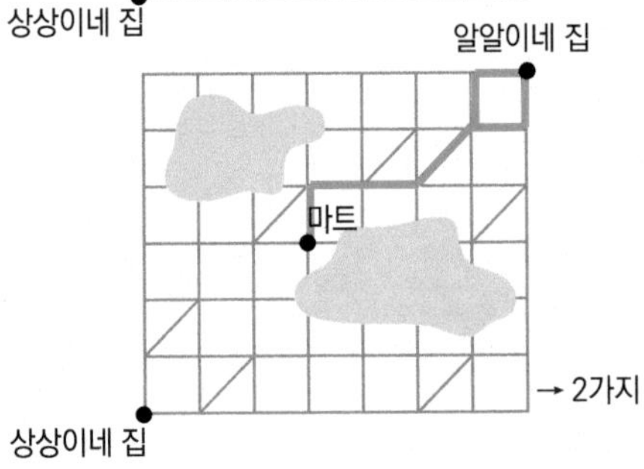

④ 따라서 상상이가 집에서부터 마트에 들러 알알이네 집에 가는 최단 경로의 가짓수는 3 × 5 = 15가지입니다.

심화문제 **03** ······································ P. 58

[정답] 252가지

[풀이 과정]

① 길을 돌아가지 않도록 유의하며 각 꼭짓점에 이르는 경로의 개수를 세어 줍니다.

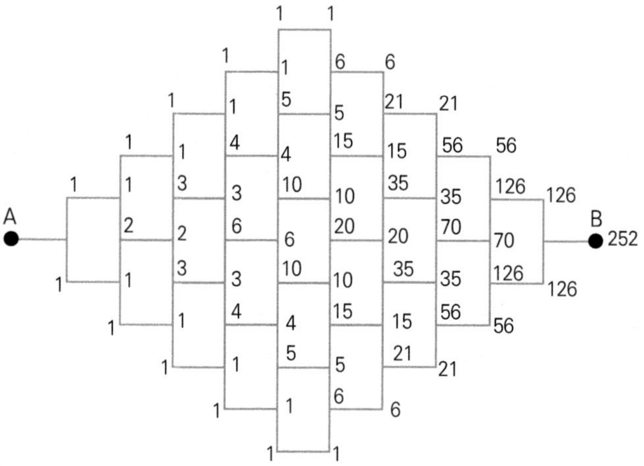

② 따라서 A에서 B까지 최단 거리로 갈 수 있는 길의 가짓수는 252가지입니다.

심화문제 **04** ······································ P. 59

[정답] 8가지

[풀이 과정]

① 최단 거리로 가야하므로 돌아가게 되는 길은 포함시키지 않습니다.

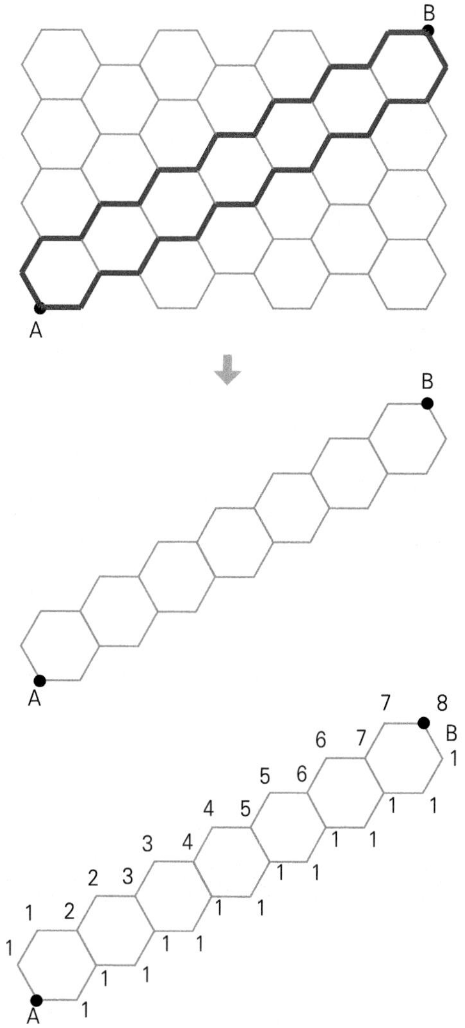

② 따라서 A에서 B까지 최단 거리로 갈 수 있는 길의 가짓수는 8가지입니다.

창의적문제해결수학 **01** P. 60

[정답] 157가지

[풀이 과정]

① 정해진 방향으로 갈 경우 최단 거리가 되지 않는 길은 ×표시하고 이용하지 않습니다.

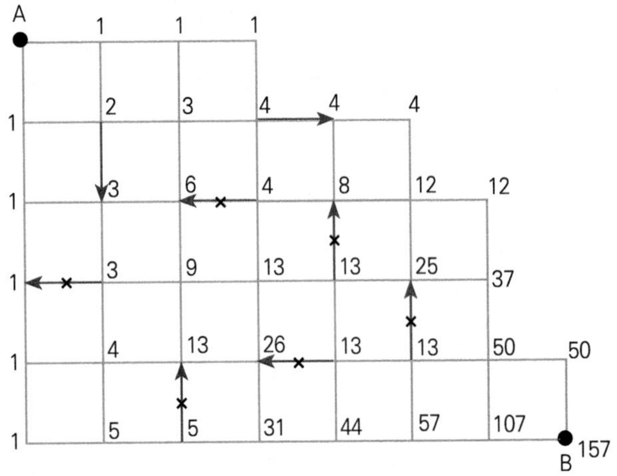

② A에서 B까지 최단 거리로 갈 수 있는 길의 가짓수는 157가지입니다. (정답)

창의적문제해결수학 **02** P. 61

[정답] 130가지

[풀이 과정]

① 길을 돌아가지 않으면서 대각선을 최대로 이용할 경우 1개의 대각선을 지날 수 있습니다. 길을 돌아가지 않으면서 대각선을 이용하는 경우는 다음과 같이 3가지입니다.

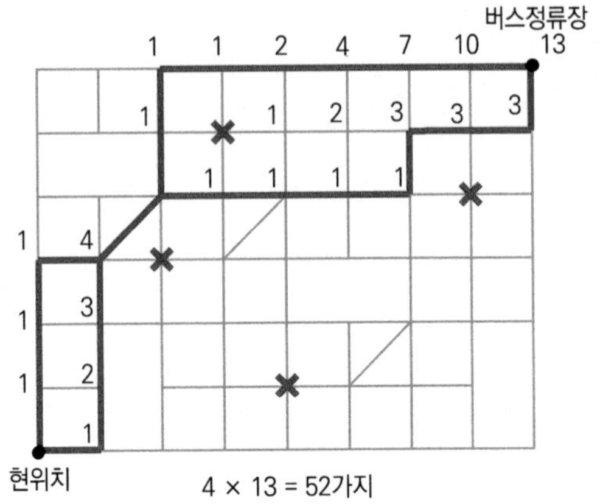

4 × 13 = 52가지

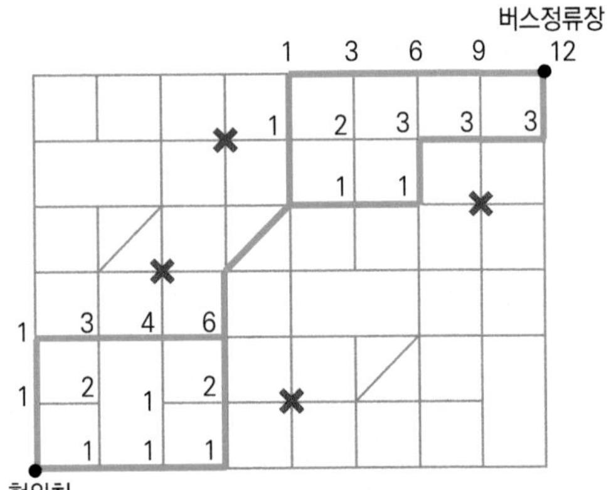

6 × 12 = 72가지

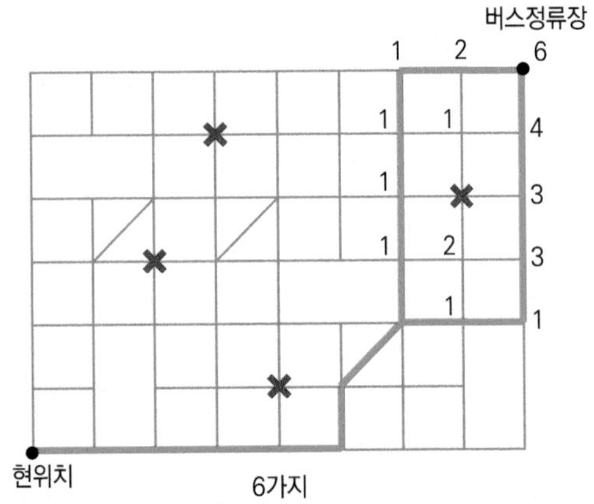

6가지

② 따라서 무우와 친구들이 현위치에서 버스정류장까지 최단 거리로 갈 수 있는 길의 가짓수는 52 + 72 + 6 = 130가지입니다. (정답)

4. 만들 수 있는, 없는 수

대표문제1 확인하기 1 P. 67

[정답] 8가지

[풀이 과정]

① 표를 이용해 60점을 받을 수 있는 모든 가짓수를 구합니다.

8점	4점	점수의 총합
7	1	56 + 4 = 60
6	3	48 + 12 = 60
5	5	40 + 20 = 60
4	7	32 + 28 = 60
3	9	24 + 36 = 60
2	11	16 + 44 = 60
1	13	8 + 52 = 60
0	15	0 + 60 = 60

② 먼저, 가장 적은 횟수로 60점을 받을 수 있는 경우를 구하고 횟수를 늘려가는 방식으로 구해 나갑니다. 가장 적은 횟수로 60점을 받기 위해선 보다 높은 점수인 8점짜리 영역을 최대한 많이 맞춰야 합니다. 그 이후로는 8점짜리를 하나씩 덜 맞출 때마다 4점짜리를 2개씩 더 맞추어 60점을 맞춰 줍니다.

③ 이러한 과정의 결과 60점을 받을 수 있는 모든 가짓수는 8가지입니다. (정답)

대표문제1 확인하기 2 P. 69

[정답] 10가지

[풀이 과정]

① 표를 이용해 30점을 받을 수 있는 모든 가짓수를 구합니다.

8점	5점	2점	점수의 총합
3	0	3	24 + 0 + 6 = 30
2	2	2	16 + 10 + 4 = 30
2	0	7	16 + 0 + 14 = 30
1	4	1	8 + 20 + 2 = 30
1	2	6	8 + 10 + 12 = 30
1	0	11	8 + 0 + 22 = 30
0	6	0	0 + 30 + 0 = 30
0	4	5	0 + 20 + 10 = 30
0	2	10	0 + 10 + 20 = 30
0	0	15	0 + 0 + 30 = 30

② 먼저, 가장 적은 횟수로 30점을 받을 수 있는 경우를 구하고 횟수를 늘려가는 방식으로 구해 나갑니다. 가장 적은 횟수로 30점을 받기 위해선 보다 높은 점수인 8점짜리 영역을 최대한 많이 맞춰야 합니다. 그 이후로는 8점짜리를 하나, 둘씩 덜 맞출 때마다 5점짜리와 2점짜리를 더 맞추어 30점을 맞춰 줍니다.

③ 이러한 과정의 결과 30점을 받을 수 있는 모든 가짓수는 10가지입니다. (정답)

대표문제2 확인하기 1 P. 69

[정답] 2가지

[풀이 과정]

① 이러한 유형의 문제는 두 종류의 문항 중 더 낮은 점수인 2점짜리 문항의 나머지를 이용해 풀이합니다.
어떤 수를 2로 나누었을 때 나머지로 가능한 수는 0, 1 두 개 입니다. 이 두 가지 경우에 따라 숫자들을 분류하면 두 점수의 조합으로 가능한 숫자들이 반복해서 계속 나오게 되거나 두 점수의 조합으로는 절대 나오지 않는 점수들을 찾을 수 있습니다.

나머지가 0인 수	0, 2, 4, 6, 8, 10, 12, 14, …
나머지가 1인 수	1, 3, (5), 7, 9, 11, 13, 15 …

② 나머지가 0인 수들은 2점짜리 문항만을 맞추면 모든 점수를 받을 수 있습니다.

③ 그 다음으로 나머지가 1인 수 중 가장 먼저 배열 된 5의 배수를 찾습니다. 숫자 5를 찾을 수 있고, 5이후의 수들은 5에다가 2의 배수를 더하면 모든 수를 만들 수 있습니다.
예를 들어 7은 5에 2를 더해 만들 수 있고, 9는 5에 4를 더해, 11은 5에 6을 더해 만들 수 있습니다. 따라서 나머지가 1인 수들 중 만들 수 없는 수는 1, 3입니다.

④ 따라서 2점짜리와 5점짜리 문제들을 맞추어 받을 수 없는 점수는 1점과 3점으로 2가지입니다. (정답)

대표문제2 확인하기 2 P. 69

[정답] 3가지

[풀이 과정]

① 이러한 유형의 문제는 두 종류의 우표 중 더 낮은 가격인 3원짜리 우표의 나머지를 이용해 풀이합니다.
어떤 수를 3으로 나누었을 때 나머지로 가능한 수는 0, 1, 2 세 개 입니다. 이 세 가지 경우에 따라 숫자들을 분류하면 두 우표의 조합으로 가능한 숫자들이 반복해서 계속 나오게 되거나 두 우표의 조합으로는 절대 나오지 않는 수들을 찾을 수 있습니다.

나머지가 0인 수	3, 6, 9, 12, 15, 18, 21, 24, …
나머지가 1인 수	1, (4), 7, 10, 13, 16, 19, 22, …
나머지가 2인 수	2, 5, (8), 11, 14, 17, 20, 23, …

② 나머지가 0인 수들은 3원짜리 우표만을 사용하면 모든 수를 만들 수 있습니다.

③ 그 다음으로 나머지가 1인 수 중 가장 먼저 배열 된 4의 배수를 찾습니다. 숫자 4를 찾을 수 있고, 4이후의 수들은 4에다가 3의 배수를 더하면 모든 수를 만들 수 있습니다.
따라서 나머지가 1인 수들 중 만들 수 없는 수는 1입니다.

④ 마지막으로 나머지가 2인 수 중 가장 먼저 배열 된 4의 배수를 찾습니다. 숫자 8을 찾을 수 있고, 8이후의 수들은 8에다가 3의 배수를 더하면 모든 수를 만들 수 있습니다. 따라서 나머지가 2인 수 중 만들 수 없는 수는 2와 5입니다.

⑤ 따라서 3원짜리와 4원짜리 두 종류의 우표를 사용해 만들 수 없는 금액은 1, 2, 5 로 총 3가지입니다. (정답)

4 정답 및 풀이

연습문제 **01** P. 70

[정답] 15가지

[풀이 과정]

① 표를 이용해 80점을 받을 수 있는 모든 가짓수를 구합니다.

10점	8점	5점	점수의 총합
8	0	0	80 + 0 + 0 = 80
7	0	2	70 + 0 + 10 = 80
6	0	4	60 + 0 + 20 = 80
5	0	6	50 + 0 + 30 = 80
4	5	0	40 + 40 + 0 = 80
4	0	8	40 + 0 + 40 = 80
3	5	2	30 + 40 + 10 = 80
3	0	10	30 + 0 + 50 = 80

10점	8점	5점	점수의 총합
2	5	4	20 + 40 + 20 = 80
2	0	12	20 + 0 + 60 = 80
1	5	6	10 + 40 + 30 = 80
1	0	14	10 + 0 + 70 = 80
0	10	0	0 + 80 + 0 = 80
0	5	8	0 + 40 + 40 = 80
0	0	16	0 + 0 + 80 = 80

② 먼저, 가장 적은 횟수로 80점을 받을 수 있는 경우를 구하고 횟수를 늘려가는 방식으로 구해 나갑니다.

가장 적은 횟수로 80점을 받기 위해선 보다 높은 점수인 10점짜리 영역을 최대한 많이 맞춰야 합니다.

그 이후로는 10점짜리를 하나, 둘씩 덜 맞출 때마다 8점짜리와 5점짜리를 더 맞추어 80점을 맞춰 줍니다.

③ 이러한 과정의 결과 80점을 받을 수 있는 모든 가짓수는 15가지입니다.(정답)

연습문제 **02** P. 70

[정답] 10가지

[풀이 과정]

① 표를 이용해 6000원을 만들 수 있는 모든 가짓수를 구합니다.

1200원	1000원	600원	금액의 총합
5	0	0	6000 + 0 + 0 = 6000
4	0	2	4800 + 0 + 1200 = 6000
3	0	4	3600 + 0 + 2400 = 6000
2	3	1	2400 + 3000 + 600 = 6000
2	0	6	2400 + 0 + 3600 = 6000
1	3	3	1200 + 3000 + 1800 = 6000
1	0	8	1200 + 0 + 4800 = 6000
0	6	0	0 + 6000 + 0 = 6000
0	3	5	0 + 3000 + 3000 = 6000
0	0	10	0 + 0 + 6000 = 6000

② 승우가 6000원에 해당하는 필기구들을 고르 수 있는 방법은 모두 10가지입니다. (정답)

연습문제 **03** P. 70

[정답] 6가지

[풀이 과정]

① 3m는 300cm 이므로 표를 이용해 300cm를 만들 수 있는 모든 가짓수를 구합니다. 15cm 막대 4개의 길이는 12cm 막대 5개의 길이와 같습니다.

15cm	12cm	길이의 총합
20	0	300 + 0 = 300
16	5	240 + 60 = 300
12	10	180 + 120 = 300
8	15	120 + 180 = 300
4	20	60 + 240 = 300
0	25	0 + 300 = 300

② 무우와 상상이가 가진 막대를 이용해 3m 길이를 잴 수 있는 방법은 모두 6가지입니다. (정답)

연습문제 **04** P. 71

[정답] 인형

[풀이 과정]

① 두 종류의 달란트 중 더 작은 4달란트의 나머지를 이용해 풀이합니다. 어떤 수를 4로 나누었을 때 나머지로 가능한 수는 0, 1, 2, 3 네 개 입니다. 이 네 가지 경우에 따라 숫자들을 분류하면 두 달란트의 조합으로 가능한 숫자들이 반복해서 계속 나오게 되거나 두 달란트의 조합으로는 절대 나오지 않는 수들을 찾을 수 있습니다.

나머지가 0인 수	4, 8, 12, 16, 20, 24, ···
나머지가 1인 수	1, 5, 9, 13, 17, 21, 25, ···
나머지가 2인 수	2, 6, 10, 14, 18, 22, 26, ···
나머지가 3인 수	3, 7, 11, 15, 19, 23, 27, ···

② 먼저 나머지가 0인 수들은 4달란트만을 사용하면 모든 수를 만들 수 있습니다.

③ 그 다음으로 나머지가 1인 수 중 가장 먼저 배열 된 9의 배수를 찾습니다. 숫자 9를 찾을 수 있고, 9 이후의 수들은 9에다가 4의 배수를 더하면 모든 수를 만들 수 있습니다. 따라서 나머지가 1인 수들 중 만들 수 없는 수는 1, 5입니다.

④ 같은 방식으로 나머지가 2인 수와 3인 수에서도 만들 수 없는 수를 찾아 줍니다. 나머지가 2인 수 에서는 2, 6, 10, 14를 나머지가 3인 수에서는 3, 7, 11, 15, 19, 23을 찾을 수 있습니다.

⑤ 따라서 4달란트와 9달란트만을 이용해 지불할 수 없는 금액은 1, 2, 3, 5, 6, 7, 10, 11, 14, 15, 19, 23이므로 아무도 구입할 수 없던 물건은 23달란트인 인형입니다. (정답)

연습문제 05 ······························ P. 71

[정답] 8개

[풀이 과정]

① 무우가 오천원을 내고 3800원짜리 물건을 구매했을 때 거스름돈으로 받아야 할 금액은 1200원입니다.

② 거스름돈으로 500원, 100원, 50원 동전을 합해 12개의 동전을 받았다고 했으므로 먼저 세 종류의 동전을 모두 사용하면서 1200원을 만들 수 있는 경우의 수를 구하고, 그 중 12개 동전이 사용된 경우를 찾습니다.

500원	100원	50원	금액의 총합	
2	1	2	1000 + 100 + 100 = 1200	→ 5개
1	6	2	500 + 600 + 100 = 1200	→ 9개
1	5	4	500 + 500 + 200 = 1200	→ 10개
1	4	6	500 + 400 + 300 = 1200	→ 11개
1	3	8	500 + 300 + 400 = 1200	→ 12개
1	2	10	500 + 200 + 500 = 1200	→ 13개
1	1	12	500 + 100 + 600 = 1200	→ 14개

③ 세 종류의 동전을 모두 사용하면서 12개의 동전을 이용해 1200원을 만드는 경우는 500원 1개, 100원 3개, 50원 8개를 사용하는 경우밖에 없습니다.

④ 따라서 무우가 받은 거스름돈 중 50원짜리 동전의 개수는 8개입니다.

연습문제 06 ······························ P. 71

[정답] 4가지

[풀이 과정]

① 숫자 3과 5 중 더 작은 숫자인 3의 나머지를 이용해 풀이합니다. 어떤 수를 3으로 나누었을 때 나머지로 가능한 수는 0, 1, 2 세 개입니다. 이 세 가지 경우에 따라 숫자들을 분류하면 두 숫자의 조합으로 가능한 숫자들이 반복해서 계속 나오게 되거나 두 숫자의 조합으로는 절대 나오지 않는 수들을 찾을 수 있습니다.

나머지가 0인 수	3, 6, 9, 12, 15, 18, 21, 24, …
나머지가 1인 수	1, 4, 7, (10) 13, 16, 19, 22, …
나머지가 2인 수	2, (5) 8, 11, 14, 17, 20, 23, …

② 나머지가 0인 수들은 숫자 3 카드만을 사용하면 모든 수를 만들 수 있습니다.

③ 그 다음으로 나머지가 1인 수 중 가장 먼저 배열 된 5의 배수를 찾습니다. 숫자 10을 찾을 수 있고, 10 이후의 수들은 10에다가 3의 배수를 더하면 모든 수를 만들 수 있습니다. 따라서 나머지가 1인 수들 중 만들 수 없는 수는 1, 4, 7입니다.

④ 마지막으로 나머지가 2인 수 중 가장 먼저 배열 된 5의 배수를 찾습니다. 숫자 5를 찾을 수 있고, 5이후의 수들은 5에다가 3의 배수를 더하면 모든 수를 만들 수 있습니다. 따라서 나머지가 2인 수 중 만들 수 없는 수는 2입니다.

⑤ 따라서 숫자 3과 5를 더해 나올 수 없는 값은 1, 2, 4, 7 로 총 4가지입니다. (정답)

연습문제 07 ······························ P. 72

[정답] 15가지

[풀이 과정]

① 가장 점수가 높은 경우인 빨간색 영역을 기준으로 세 번 모두 맞혔을 경우, 두 번, 한 번, 한 번도 못 맞힌 경우까지 분류하여 구합니다.

8점	5점	3점	2점	총점
3	0	0	0	24
2	1	0	0	21
2	0	1	0	19
2	0	0	1	(18)
1	2	0	0	(18)
1	0	2	0	14
1	0	0	2	(12)
1	1	1	0	16
1	1	0	1	(15)
1	0	1	1	(13)

8점	5점	3점	2점	총점
0	3	0	0	(15)
0	0	3	0	(9)
0	0	0	3	6
0	2	1	0	(13)
0	2	0	1	(12)
0	1	2	0	11
0	0	2	1	8
0	1	0	2	(9)
0	0	1	2	7
0	1	1	1	10

② 나올 수 있는 모든 점수의 가짓수이므로 총점이 같은 경우는 한 번만 세어 줍니다. 따라서 총 3번의 다트를 던져 나올 수 있는 모든 점수의 가짓수는 6~16점, 18, 19, 21, 24점으로 총15가지입니다.

4 정답 및 풀이

연습문제 08 ······ P. 72

[정답] 31가지

[풀이 과정]

① 표를 이용해 600g의 무게를 잴 수 있는 방법의 모든 가짓수를 구합니다. 무게가 가장 무거운 80g짜리 추를 기준으로 80g짜리 추를 가장 많이 사용했을 때부터 한 개씩 개수를 줄어가며 경우를 세어 줍니다. 50g 추를 2개 줄이면 20g 추 5개가 늘어납니다.

80g	50g	20g
7	0	2
6	2	1
6	0	6
5	4	0
5	2	5
5	0	10
4	4	4
4	2	9

80g	50g	20g
4	0	14
3	6	3
3	4	8
3	2	13
3	0	18
2	8	2
2	6	7
2	4	12

80g	50g	20g
2	2	17
2	0	22
1	10	1
1	8	6
1	6	11
1	4	16
1	2	21
1	0	26

80g	50g	20g
0	12	0
0	10	5
0	8	10
0	6	15
0	4	20
0	2	25
0	0	30

② 세 종류의 추를 이용해 600g의 무게를 잴 수 있는 방법은 모두 31가지입니다. (정답)

연습문제 09 ······ P. 73

[정답] 23가지

[풀이 과정]

① 무우의 주머니에는 100원짜리 동전이 2개가 있으므로 내지 않거나 1개 혹은 2개를 낼 수 있는 3가지 방법이 있습니다. 마찬가지로 500원 짜리 동전은 1개가 있으므로 내지 않거나 1개를 낼 수 있는 2가지 방법, 1000원짜리 지폐는 3장이 있으므로 내지 않거나 1장, 2장, 3장을 낼 수 있는 4가지 방법이 있습니다. 각 경우 총 금액이 겹치지 않습니다.

② 무우가 가진 돈으로 만들 수 있는 금액의 가짓수는 ①에서 구한 각 가짓수들을 모두 곱한 $3 \times 2 \times 4 = 24$가지에서 세 가지를 모두 내지 않는 경우를 제외한 $24 - 1 = 23$가지 입니다.

③ 따라서 무우가 기부할 수 있는 금액의 가짓수는 모두 23가지입니다. (정답)

연습문제 10 ······ P. 73

[정답] 6가지

[풀이 과정]

① 8점의 경우 4점을 두 번 받으면 반드시 얻을 수 있는 점수이기 때문에 생각하지 않아도 됩니다.

② 4점과 5점 중 더 낮은 점수인 4점의 나머지를 이용해 풀이합니다. 어떤 수를 4로 나누었을 때 나머지로 가능한 수는 0, 1, 2, 3 네 개입니다. 이 네 가지 경우에 따라 숫자들을 분류하면 두 점수의 조합으로 가능한 숫자들이 반복해서 나오게 되거나 두 점수의 조합으로는 절대 나오지 않는 수들을 찾을 수 있습니다.

나머지가 0인 수	4, 8, 12, 16, 20, 24, ···
나머지가 1인 수	1, (5) 9, 13, 17, 21, 25, ···
나머지가 2인 수	2, 6, (10) 14, 18, 22, 26, ···
나머지가 3인 수	3, 7, 11, (15) 19, 23, 27, ···

③ 먼저 나머지가 0인 수들은 4점을 계속 얻으면 모든 수를 만들 수 있습니다.

④ 그 다음으로 나머지가 1인 수 중 가장 먼저 배열 된 5의 배수를 찾습니다. 숫자 5를 찾을 수 있고, 5이후의 수들은 5에다가 4의 배수를 더하면 모든 수를 만들 수 있습니다. 따라서 나머지가 1인 수들 중 만들 수 없는 수는 1입니다.

⑤ 같은 방식으로 나머지가 2인 수와 3인 수에서도 만들 수 없는 수를 찾아 줍니다. 나머지가 2인 수 에서는 2, 6을 나머지가 3인 수에서는 3, 7, 11을 찾을 수 있습니다.

⑥ 따라서 4점과 5점만을 이용해 받을 수 없는 점수는 1, 2, 3, 6, 7, 11로 모두 6가지입니다. (정답)

심화문제 01 ······ P. 74

[정답] 제이

[풀이 과정]

① 두 종류의 문항 중 더 낮은 점수인 5점짜리 문항의 나머지를 이용해 풀이합니다.

어떤 수를 5로 나누었을 때 나머지로 가능한 수는 0, 1, 2, 3, 4 다섯 개 입니다. 이 다섯 가지 경우에 따라 숫자들을 분류하면 두 점수의 조합으로 가능한 숫자들이 반복해서 계속 나오게 되거나 두 점수의 조합으로는 절대 나오지 않는 수들을 찾을 수 있습니다.

나머지가 0인 수	5, 10, 15, 20, 25, 30, 35, ···
나머지가 1인 수	1, 6, 11, (16) 21, 26, 31, 36, 41, ···
나머지가 2인 수	2, 7, 12, 17, 22, 27, (32) 37, 42, ···
나머지가 3인 수	3, (8) 13, 18, 23, 28, 33, 38, 43, ···
나머지가 4인 수	4, 9, 14, 19, (24) 29, 34, 39, 44, ···

② 먼저 나머지가 0인 수들은 5점짜리 문항을 계속 맞히면 모든 수를 만들 수 있습니다.

③ 그 다음으로 나머지가 1인 수 중 가장 먼저 배열 된 8의 배수를 찾습니다. 숫자 16을 찾을 수 있고, 16이후의 수들은 16에다가 5의 배수를 더하면 모든 수를 만들 수 있습니다. 따라서 나머지가 1인 수들 중 만들 수 없는 수는 1, 6, 11입니다.

④ 같은 방식으로 나머지가 2인 수, 3인 수, 4인 수에서도 만들 수 없는 수를 찾아 줍니다. 나머지가 2인 수 에서는 2, 7, 12, 17, 22, 27을, 나머지가 3인 수에서는 3을, 나머지가 4인 수에서는 4, 9, 14, 19를 찾을 수 있습니다.

⑤ 5점과 8점 문항만을 이용해 받을 수 없는 점수는 1, 2, 3, 4, 6, 7, 9, 11, 12, 14, 17, 19, 22, 27입니다. 따라서 네 명 중에 거짓말을 하고 있는 사람은 27점을 맞았다고 이야기한 제이 입니다. (정답)

심화문제 02

P. 74

[정답] 14개, 18개

[풀이 과정]

① 우표의 개수를 가장 적게 사용하기 위해선 세 종류의 우표 중 가장 큰 금액인 150원 우표를 최대한 많이 사용해야 하고, 우표의 개수를 가장 많이 사용하기 위해선 세 종류의 우표중 가장 적은 금액인 80원 우표를 최대한 많이 사용해야 합니다.

② 먼저 우표의 개수를 가장 적게 사용하는 경우를 구합니다. 세 종류의 우표를 모두 한 개 이상씩 사용하면서 150원짜리 우표를 최대한 많이 사용할 경우 최대 8개까지 사용할 수 있습니다.

150원	120원	80원
8	3	3
8	1	6

③ 150원짜리 우표를 8개 사용하는 경우는 다음과 같이 두 가지입니다. 두 경우 중 더 적은 개수의 우표를 사용하는 경우는 14개의 우표를 사용하는 경우입니다.

④ 그 다음으로 우표의 개수를 가장 많이 사용하는 경우를 구합니다. 세 종류의 우표를 모두 한 개 이상씩 사용하면서 80원짜리 우표를 최대한 많이 사용할 경우 최대 12개까지 사용할 수 있습니다.

150원	120원	80원
4	2	12

⑤ 80원짜리 우표를 12개 사용하는 경우는 다음과 같이 한 가지입니다. 이 경우 총 18개의 우표가 필요합니다.

⑥ 따라서 상상이가 우표의 개수를 가장 적게 사용했을 때와 많이 사용했을 때 각각 사용한 우표의 개수는 14개와 18개입니다. (정답)

심화문제 03

P. 75

[정답] 19가지

[풀이 과정]

① 표를 이용해 4개의 공을 던져 얻을 수 있는 점수의 모든 가짓수를 구합니다.
점수가 가장 큰 10점짜리 컵을 기준으로 10점짜리 컵에 최대한 많은 공을 넣었을 때부터 한 개씩 개수를 줄여가며 경우를 세어 줍니다. 한 가지 색의 컵은 최대 3개인 것에 유의하여 가짓수를 세어 줍니다.

10점	7점	5점	4점	총점
3	1	0	0	37
3	0	1	0	35
3	0	0	1	~~34~~
2	2	0	0	34
2	1	1	0	32
2	1	0	1	31
2	0	2	0	30
2	0	1	1	29
2	0	0	2	28
1	3	0	0	~~31~~
1	2	1	0	~~29~~
1	2	0	1	~~28~~
1	1	2	0	27
1	1	1	1	26
1	1	0	2	25
1	0	3	0	~~25~~

10점	7점	5점	4점	총점
1	0	2	1	24
1	0	1	2	23
1	0	0	3	22
0	3	1	0	~~26~~
0	3	0	1	~~25~~
0	2	2	0	~~24~~
0	2	1	1	~~23~~
0	2	0	2	~~22~~
0	1	3	0	~~22~~
0	1	2	1	21
0	1	1	2	20
0	1	0	3	~~19~~
0	0	3	1	19
0	0	2	2	18
0	0	1	3	17

② 얻을 수 있는 점수의 가짓수이므로 총점이 같은 경우는 한 번만 세어 줍니다. 따라서 총 4개의 공을 던져 얻을 수 있는 점수의 가짓수는 17~32점, 34, 35, 37점으로 총 19가지 입니다. (정답)

심화문제 **04** P. 75

[정답] 35가지

[풀이 과정]

① 표를 이용해 50점을 받을 수 있는 모든 가짓수를 구합니다.

가짓수	10점	8점	5점	3점
1	5	0	0	0
2	4	0	2	0
3	3	1	0	4
4	3	0	4	0
5	3	0	1	5
6	2	3	0	2
7	2	2	1	3
8	2	1	2	4
9	2	0	6	0
10	2	0	3	5
11	2	0	0	10
12	1	5	0	0

	10점	8점	5점	3점
13	1	4	1	1
14	1	3	2	2
15	1	2	3	3
16	1	2	0	8
17	1	1	4	4
18	1	1	1	9
19	1	0	8	0
20	1	0	5	5
21	1	0	2	10
22	0	5	2	0
23	0	4	3	1
24	0	4	0	6

	10점	8점	5점	3점
25	0	3	4	2
26	0	3	1	7
27	0	2	5	3
28	0	2	2	8
29	0	1	6	4
30	0	1	3	9
31	0	1	0	14
32	0	0	10	0
33	0	0	7	5
34	0	0	4	10
35	0	0	1	15

② 먼저, 가장 적은 횟수로 50점을 받을 수 있는 경우를 구하고 횟수를 늘려가는 방식으로 구해 나갑니다. 가장 적은 횟수로 50점을 받기 위해선 보다 높은 점수인 10점짜리 영역을 최대한 많이 맞춰야 합니다. 그 이후로는 10점짜리를 하나씩 덜 맞출 때마다 8점, 5점, 3점짜리를 더 맞추어 60점을 맞춰 줍니다.

③ 이러한 과정의 결과 50점을 받을 수 있는 모든 가짓수는 35가지입니다. (정답)

창의적문제해결수학 **01** P. 76

[정답] 17가지

[풀이 과정]

① 옷 20벌에 필요한 단추의 개수는 12 × 20 = 240개 입니다. 표를 이용해 세 개의 가게에서 한 묶음 이상씩 240개의 단추를 구입할 수 있는 모든 가짓수를 구합니다.

A(15개)	B(10개)	C(8개)
12	2	5
10	5	5
10	1	10
8	8	5
8	4	10
6	11	5
6	7	10
6	3	15
4	14	5

A(15개)	B(10개)	C(8개)
4	10	10
4	6	15
4	2	20
2	17	5
2	13	10
2	9	15
2	5	20
2	1	25

② 먼저, 가장 적은 횟수로 단추 240개를 구입할 수 있는 경우를 구하고 횟수를 늘려가는 방식으로 구해 나갑니다.

가장 적은 횟수로 단추 240개를 구입하기 위해선 A가게에서 최대한 많은 단추를 구매해야 합니다.

그 이후로는 15개 한 묶음을 덜 구매할 때마다 10개, 8개 짜리 묶음을 더 구매해 240개를 맞춰 줍니다.

③ 이러한 과정의 결과 단추 240개를 구입할 수 있는 모든 가짓수는 17가지입니다. (정답)

창의적문제해결수학 **02** P. 77

[정답] C인형

[풀이 과정]

① 선물을 받기 위해선 반드시 모든 색의 풍선을 각 1개 이상 터뜨려야 하므로 3개의 다트를 던져 10 + 7 + 5 = 22점을 받고 시작합니다.

② 반드시 받아야 하는 점수 22점을 제외하면 남은 5개의 다트로 A인형은 58 - 22 = 36점을, B인형은 67 - 22 = 45점을, C인형은 65 - 22 = 43점을, D인형은 49 - 22 = 27점을 더 받아야 합니다.

	10점	7점	5점	총점
A	1	3	1	10 + 21 + 5 =36점
B	4	0	1	40 + 0 + 5 = 45점
C				
D	0	1	4	0 + 7 + 20 = 27점

③ 표와 같이 A인형, B인형, D인형의 경우 남은 5개의 다트를 이용해 필요한 점수를 받을 수 있습니다. 하지만 C 인형의 경우 세 가지 풍선과 5개의 다트를 이용해 43점을 얻을 수 없습니다.

④ 따라서 무우가 상품으로 받을 수 없는 인형은 C인형입니다.(정답)

5. 평균

대표문제1 확인하기 1 P. 83

[정답] 7,000원

[풀이 과정]

① 두 가지 색의 페인트를 혼합한 총 페인트의 양은 10L + 2L = 12L 입니다.

② 하얀색 페인트 10L의 가격은 10 × 6,000 = 60,000원, 파란색 페인트 2L의 가격은 2 × 12,000 = 24,000원 입니다. 따라서 두 페인트의 가격을 모두 합한 총 금액은 60,000 + 24,000 = 84,000원 입니다.

③ 하늘색 페인트를 만들기 위해 필요한 두 가지 색 페인트의 총 양은 12L 이고, 총 금액은 84,000원 입니다. 하늘색 페인트 1L의 가격은 총 금액을 총 양으로 나누어 구합니다.

④ 따라서 하늘색 페인트 1L의 가격은 84,000 ÷ 12 = 7,000원 입니다. (정답)

대표문제1 확인하기 2 P. 83

[정답] 6,000원

[풀이 과정]

① 세 종류의 곡물을 혼합한 총 곡물의 무게는 7 + 4 + 1 = 12kg 입니다.

② 백미 7kg의 가격은 7 × 5,000 = 35,000원, 흑미 4kg의 가격은 4 × 6,000 = 24,000원, 검은콩 1kg의 가격은 1 × 13,000 = 13,000원 입니다. 따라서 세 곡물의 가격을 모두 합한 총 금액은 35,000 + 24,000 + 13,000 = 72,000원 입니다.

③ 세 곡물의 총 무게는 12kg 이고, 총 금액은 72,000원 입니다. 1kg씩 포장된 잡곡의 가격은 총 금액을 총 무게로 나누어 구합니다.

④ 따라서 1kg씩 포장된 잡곡의 가격은 72,000 ÷ 12 = 6,000원 입니다.(정답)

대표문제2 확인하기 1 P. 85

[정답] 95점

[풀이 과정]

① 평균 90점 이상의 점수를 받기 위해선 점수의 총합이 90 × 5 = 450점 이상이 되어야 합니다.

② 수학 시험을 제외한 나머지 시험 점수의 총합은 90 + 80 + 100 + 85 = 355점 입니다.

③ 평균 90점 이상이 되기 위해 필요한 점수의 총합 450에서 이미 4과목에서 받은 점수들의 총합 355점을 빼면 450 - 355 = 95점 입니다.

④ 따라서 수학 성적을 95점 이상 받아야지만 5과목의 평균이 90점 이상이 될 수 있습니다. (정답)

대표문제2 확인하기 2 P. 85

[정답] 43.5kg

[풀이 과정]

① 남,녀 전체 학생의 평균 몸무게가 46kg이 되기 위해선 모든 학생들의 몸무게 총합은 46 × 27 = 1,242kg 이 되어야 합니다.

② 모든 남학생의 몸무게 총합은 48 × 15 = 720kg 입니다.

③ 전체 학생의 평균 몸무게가 46kg이 되기 위한 여학생 몸무게의 총합은 ①에서 구한 1,242kg에서 ②에서 구한 720kg을 빼서 구합니다.

④ 따라서 여학생 몸무게 총합은 1,242 - 720 = 522kg이고, 여학생은 총 12명 이므로 여학생의 평균 몸무게는 522 ÷ 12 = 43.5kg 입니다. (정답)

연습문제 01 P. 86

[정답] 9초대

[풀이 과정]

① 무우네 반 친구들은 모두 10 + 4 + 2 + 4 = 20명 입니다.

② 반 친구들 50m 달리기 성적의 총합은 (8 × 10) + (9 × 4) + (10 × 2) + (11 × 4) = 180입니다.

③ 반 친구들 50m 달리기 성적의 총합은 180, 총 인원수는 20명 입니다. 반 친구들 전체의 50m 달리기 평균 성적은 성적의 총합을 총 인원수로 나누어 구합니다.

④ 따라서 무우네 반 친구들의 50m 달리기 평균 성적대는 180 ÷ 20 = 9초대 입니다. (정답)

5 정답 및 풀이

연습문제 **02** P. 86

[정답] 3,400원

[풀이 과정]

① 세 종류의 주스를 혼합한 총 주스의 양은 5 + 3 + 2 = 10L 입니다.

② 오렌지 주스 5L의 가격은 5 × 4,000 = 20,000원,
사과 주스 3L의 가격은 3 × 3,000 = 9,000원,
당근 주스 2L의 가격은 2 × 2,500 = 5,000원 입니다.
따라서 세 가지 주스의 가격을 모두 합한 총 금액은
20,000 + 9,000 + 5,000 = 34,000원 입니다.

③ 세 가지 주스의 총 양은 10L 이고, 총 금액은 34,000원 입니다. 주스 한 병(1L)의 가격은 총 금액을 총 양으로 나누어 구합니다. 따라서 주스 한 병(1L)의 가격은 34,000 ÷ 10 = 3,400원 입니다. (정답)

연습문제 **03** P. 86

[정답] 50개

[풀이 과정]

① 기계가 9일 동안은 정상적으로 잘 작동되었다고 했으므로 9일 동안 만든 부품의 개수는 9 × 80 = 720개 입니다.
또한 10일째 하루 동안 만든 부품의 개수를 □개라고 하면, 10일 동안 만든 모든 부품의 개수는 720 + □개 입니다.

② 10일 동안 하루에 만드는 평균 부품의 개수는 □보다 27개 더 많다고 했으므로 □ + 27개 입니다. 따라서 10일 동안 만든 모든 부품의 개수는 (□ + 27) × 10입니다.

③ ①과 ②에서 구한 두 식은 모두 10일 동안 만든 모든 부품의 개수이므로 ①, ②의 두 식을 이용해 등식을 세우면 720 + □ = (□ + 27) × 10입니다. 분배법칙을 이용해 이를 만족하는 □를 구하면 50입니다.

④ 따라서 10일째 하루 동안 만든 부품의 개수는 50개 입니다. (정답)

연습문제 **04** P. 87

[정답] 83점

[풀이 과정]

① 6명의 평균 점수가 93점이 되기 위해선 6명의 점수 총합이 93 × 6 = 558점이 되어야 합니다.

② 상상이를 제외한 5명의 점수 총합은 95 × 5 = 475입니다.

③ 6명의 평균 점수가 93점이 되기 위해 필요한 점수 총합 558점에서 상상이를 제외한 나머지의 점수 총합 475점을 빼면 558 - 475 = 83점 입니다.

④ 따라서 상상이의 수학 점수는 83점 입니다. (정답)

연습문제 **05** P. 87

[정답] 78.5점

[풀이 과정]

① 여학생의 평균 점수가 남학생보다 4점 더 높다고 했으므로 남학생의 평균 점수를 □점이라고 하면 여학생의 평균 점수는 □+4점 입니다.

② 남녀 모든 학생의 평균 점수가 80점이므로 남녀 모든 학생 점수의 총합은 80 × 40 = 3,200점 입니다. 따라서 남학생 점수의 총합과 여학생 점수의 총합을 더한 점수는 3,200점이 되어야 합니다.

	인원수	평균 점수
남학생	25	□
여학생	15	□+4
전체	40	80

③ 남학생 점수의 총합 25 × □와 여학생 점수의 총합 15 × (□ + 4)을 더한 점수는 3,200점이 되어야 합니다. 이를 계산식으로 나타내면 [25 × □] + [15 × (□ + 4)] = 3,200입니다.
→ 25 × □ + 15 × □ + 60 = 3,200 (양변에서 60을 뺍니다.)
→ 40 × □ = 3,140 (양변을 40으로 나눕니다.)
→ □ = 78.5

④ 따라서 남학생 25명의 평균 점수는 78.5점입니다. (정답)

연습문제 **06** P. 87

[정답] 10점

[풀이 과정]

① 영수의 점수를 □점이라고 합니다.

② 모든 친구들의 점수를 합한 점수는
8 + 6 + 5 + 6 + 7 + □ = 32 + □점 입니다.
또한, 영수의 점수는 6명의 평균 점수보다 3점이 높다고 했으므로 □에서 3점을 뺀 (□-3)점은 평균 점수와 같습니다.

③ 모든 친구들의 총점 32 + □ 와 평균 점수에 6배를 한 6 × (□-3)은 같으므로 이를 이용해 등식을 세우면
32 + □ = 6 × (□-3) 입니다.
→ 32 + □ = 6 × □ - 18 (양변에 18을 더합니다.)
→ 50 + □ = 6 × □ (양변에서 □ 하나씩을 뺍니다.)
→ 50 = 5 × □
→ □ = 10

④ 따라서 영수의 수행평가 점수는 10점 입니다. (정답)

연습문제 **07** P. 88

[정답] 11명

[풀이 과정]

① 무우네 반 친구들은 총 5 + 6 + 7 = 18명 입니다.

② 무우네 반 친구들이 받은 총 스티커의 개수는 (10 × 5) + (8 × 6) + (6 × 7) = 140개 입니다.

③ 총 스티커의 개수는 140개 이고, 총 학생수는 18명 입니다. 모든 반친구들이 받은 칭찬스티커 개수의 평균은 총 스티커 개수를 총 학생수로 나누어 구합니다. 평균 스티커의 개수는 140 ÷ 18 = 7.778…개 입니다.
④ 선물을 받을 수 있는 친구들은 평균 스티커 개수인 7.778…개 보다 많은 개수인 8개, 10개의 스티커를 받은 5 + 6 = 11명 입니다. (정답)

연습문제 08 P. 88

[정답] 46kg

[풀이 과정]
① 남학생의 인원수는 여학생의 2배라고 했으므로 여학생의 인원수를 □라고 하면 남학생의 인원수는 2×□ 입니다.
② 남학생의 총 몸무게는 47 × 2 × □ = 94 × □ 이고, 여학생의 총 몸무게는 44 × □ 입니다. 따라서 전체 학생의 총 몸무게는 94×□ + 44×□ = 138×□ 입니다.

	인원수	평균 몸무게
남학생	2×□	47kg
여학생	□	44kg
전체	3×□	?

③ 전체 학생의 평균 몸무게는 전체 학생의 총 몸무게를 전체 인원수로 나누어 구합니다. 이를 계산식으로 나타내면 (138 × □) ÷ (3 × □) 입니다.
→ (138 × □) ÷ (3 × □) = $\frac{138 \times □}{3 \times □}$ (분모, 분자를 □로 약분 합니다.)
→ $\frac{138}{3}$ = 46
④ 따라서 운동부 학생 전체의 평균 몸무게는 46kg 입니다. (정답)

연습문제 09 P. 89

[정답] 5

[풀이 과정]
① 만의 자리 숫자는 A, 천의 자리 숫자는 B, 백의 자리 숫자 C, 십의 자리 숫자는 D, 일의 자리 숫자는 E라고 지정하고 문제에서 주어진 조건을 식으로 나타냅니다.
→ A + B + C + D + E = 28 … ㉠
→ A + B + C = 7 × 3 = 21 … ㉡
→ C + D + E = 4 × 3 = 12 … ㉢
② ① 에서 구한 ㉡과 ㉢의 합은 아래와 같습니다.
→ (A + B + C) + (C + D + E) = 21 + 12
→ (A + B + 2×C + D + E) = 33
③ 방금 구한 식에서 ㉠을 빼면 백의 자리를 구할 수 있습니다.
→ (A + B + 2×C + D + E) - (A + B + C + D + E) = 33 - 28
→ C = 5
④ 따라서 백의 자리 숫자에 해당되는 C의 값이 5이므로 백의 자리 숫자는 5입니다. (정답)

연습문제 10 P. 89

[정답] 150.5cm

[풀이 과정]
① 수영부 학생 23명의 모든 신장을 더한 총 신장은 150 × 23 = 3,450cm 입니다.
② 신장이 145cm인 학생이 나가고, 152cm, 155cm인 학생 두 명이 새로 들어왔다고 했으므로 ①에서 구한 값에서 145을 빼고 152와 155는 더해 주면 현재 신장의 총합을 구할 수 있습니다.
→ 3,450 - 145 + 152 + 155 = 3,612cm
③ 한 명이 나가고 두 명이 들어왔다고 했으므로 수영부 총 인원수인 23명에서 1을 빼고 2를 더한 24명이 현재 수영부의 인원수 입니다.
④ 현재 수영부 학생들의 평균 신장은 총 신장을 총 인원수로 나누어 구합니다.
→ 3,612 ÷ 24 = 150.5cm
⑤ 따라서 현재 수영부 학생들의 평균 신장은 150.5cm 입니다. (정답)

심화문제 01 P. 90

[정답] A기계:13개, B기계:8개

[풀이 과정]
① A기계는 B기계보다 하루 평균 5개를 더 많이 생산한다고 했으므로 B기계가 하루에 생산하는 부품의 개수를 □개라고 하면 A기계가 하루에 생산하는 부품의 개수는 (□+5)개 입니다.

	대수	하루 평균 생산량
A기계	8대	(□+5)개
B기계	12대	□개
전체	20대	10개

② A, B기계 전체의 하루 평균 생산량은 10개이므로 A, B 모든 기계의 하루 총 생산량은 10 × 20 = 200개 입니다. 따라서 A와 B기계의 하루 총 생산량을 더한 값은 200이 되어야 합니다.
③ A기계 하루 총 생산량 8 × (□ + 5)와 B기계 하루 총 생산량 12 × □를 더한 값은 200이 되어야 합니다. 이를 계산식으로 나타내면 [8×(□+5)] + (12×□) = 200입니다.
→ 8×□ + 40 + 12×□ = 200 (양변에서 40을 뺍니다.)
→ 20×□ = 160
→ □ = 8
④ 따라서 A기계의 하루 평균 생산량은 13개, B기계의 하루 평균 생산량은 8개 입니다.

심화문제 **02** P. 91

[정답] 첫째 : 550g, 둘째 : 750g, 셋째 : 800g

[풀이 과정]

① 문제에서 주어진 조건을 식으로 나타냅니다.
세 마리의 평균 몸무게는 700g 이라고 했으므로 세 마리의 총 몸무게는 700 × 3 = 2,100g 입니다.
→ 첫째 + 둘째 + 셋째 = 2,100g …ⓐ
→ 첫째 + 둘째 = 1,300g …ⓑ
→ 둘째 + 셋째 = 1,550g …ⓒ

② ①에서 구한 식 ⓑ와 ⓒ의 합은 아래와 같습니다.
→ (첫째 + 둘째) + (둘째 + 셋째) = 1,300g + 1,550g
→ 첫째 + 둘째 × 2 + 셋째 = 2,850g

③ 방금 구한 이 식에서 ⓐ를 빼면 둘째 강아지의 몸무게를 구할 수 있습니다.
→ (첫째 + 둘째 × 2 + 셋째) – (첫째 + 둘째 + 셋째) = 2,850g – 2,100g
→ 둘째 = 750g

④ ③에서 구한 둘째 강아지의 몸무게를 이용하여 첫째, 셋째 강아지의 몸무게를 구합니다.
→ 첫째 + 둘째 = 첫째 + 750g = 1,300g → 첫째 = 550g
→ 둘째 + 셋째 = 750g + 셋째 = 1,550g → 셋째 = 800g

⑤ 따라서 첫째의 몸무게는 550g, 둘째의 몸무게는 750g, 셋째의 몸무게는 800g 입니다. (정답)

심화문제 **03** P. 92

[정답] 3000개, 5개

[풀이 과정]

① 전체 학생수는 600명이므로 여학생의 수를 □명이라고 하면 남학생의 수는 (600 – □)명 입니다.

	인원수	기부한 총 장난감 수
남학생	(600–□)명	$[\frac{(600-\square)}{2} \times 6] + [\frac{(600-\square)}{2} \times 4]$
여학생	□명	$[\frac{1}{3} \times \square \times 7] + [\frac{2}{3} \times \square \times 4]$
전체	600명	?

② 평균을 구하기에 앞서 전교생은 총 몇 개의 장난감을 기부했는지 구합니다.

$\rightarrow \{[\frac{(600-\square)}{2} \times 6] + [\frac{(600-\square)}{2} \times 4]\} + \{[\frac{1}{3} \times \square \times 7] + [\frac{2}{3} \times \square \times 4]\}$

$\rightarrow \{[\frac{(600-\square)}{\cancel{2}} \times \cancel{6}] + [\frac{(600-\square)}{\cancel{2}} \times \cancel{4}]\} + \{[\frac{7}{3} \times \square] + [\frac{8}{3} \times \square]\}$

$\rightarrow \{[(600-\square) \times 3] + [(600-\square) \times 2]\} + \{[\frac{7}{3} \times \square] + [\frac{8}{3} \times \square]\}$

$\rightarrow \{[1,800 - 3 \times \square] + [1200 - 2 \times \square]\} + \{[\frac{7}{3} \times \square] + [\frac{8}{3} \times \square]\}$

$\rightarrow (3,000 - 5 \times \square) + (\frac{15}{3} \times \square) = 3,000$

(전교생이 기부한 총 장난감 수)

③ 전교생이 1인당 기부한 평균 장난감 개수는 총 장난감 개수를 전체 학생수로 나누어 구합니다.
따라서 전교생이 1인당 기부한 평균 장난감 개수는
3,000 ÷ 600 = 5개 입니다. (정답)

심화문제 04 P. 93

[정답] 1번:9점, 2번:10점, 3번:7점, 4번:8점, 5번:10점

[풀이 과정]

① 첫 번째 조건을 통해 1번의 점수는 9점임을 알 수 있습니다.

② 두 번째 조건에서 2번과 5번의 점수가 같다고 했으므로 2번의 점수를 □점이라고 하면 5번의 점수도 □점임을 알 수 있습니다.

③ 세 번째 조건에서 1번과 3번의 평균 점수는 4번의 점수와 같다고 했으므로 3번으로 가능한 점수를 찾아줍니다.
문제에서 점수는 항상 자연수라고 했으므로 1번(9점)과의 평균이 자연수가 되기 위해선 3번의 점수는 1, 3, 5, 7…과 같은 홀수여야만 합니다.
또한 다섯 번째 조건에서 점수 중 최저점은 7점, 최고점은 10점이라고 했으므로 3번의 점수로 가능한 것은 7, 9점입니다.
따라서 3번의 점수가 7점일 경우 4번의 점수는 8점, 3번의 점수가 9점일 경우 4번의 점수는 9점이 되므로 4번의 점수로 가능한 것은 8, 9점 입니다.

④ 네 번째 조건에서 4번과 5번의 평균 점수는 1번(9점)의 점수와 같다고 했으므로 4번과 5번 점수의 총합은 9 × 2 = 18점이 되어야 합니다. 합이 18이 되는 경우는 둘 다 9점인 경우와 하나는 8점, 하나는 10점인 경우 두 가지입니다.
하지만 둘 다 9점인 경우, 두 번째 조건에서 2번은 5번과 점수가 같다고 했으므로 2번의 점수도 9점이 됩니다.
그러면 이미 1, 2, 4, 5번 네 명 참가자의 점수가 모두 9점이 되므로 참가자 다섯명 중에 최저점인 7점과 최고점인 10점이 모두 나올 수 없어 다섯 번째 조건에 모순 됩니다.
그러므로 4번과 5번은 8점과 10점 중 각 하나씩에 해당됨을 알 수 있습니다.
그런데 ③번에서 4번으로 가능한 점수는 8점 또는 9점이라는 것을 알았으므로 4번이 8점, 5번이 10점인 것을 알 수 있습니다. 5번과 점수가 같은 2번 또한 10점인 것을 알 수 있습니다.

⑤ 마지막으로 1번(9점)과 3번 점수의 평균이 4번(8점) 점수가 되기 위해선 3번 점수가 7점인 것을 알 수 있습니다.
따라서 답은 1번-9점, 2번-10점, 3번-7점, 4번-8점, 5번-10점 입니다. (정답)

창의적문제해결수학 01 P. 94

[정답] 86.5회

[풀이 과정]

① 문제에서 주어진 조건을 식으로 나타냅니다.
→ 무우 + 상상 + 제이 = 85 × 3 = 255 … ⓐ
→ 상상 + 제이 + 알알 = 87 × 3 = 261 … ⓑ
→ 무우 + 알알 = 88 × 2 = 176 … ⓒ

② ①에서 구한 식 ⓐ, ⓑ, ⓒ의 합은 아래와 같습니다.
→ (무우 + 상상 + 제이) + (상상 + 제이 + 알알) + (무우 + 알알) = 255 + 261 + 176
→ 무우 × 2 + 상상 × 2 + 제이 × 2 + 알알 × 2 = 255 + 261 + 176 = 692

③ 방금 구한 이 식은 무우, 상상, 제이, 알알이의 줄넘기 횟수가 2번씩 더해져 있는 식입니다. 따라서 이 식을 2로 나누어 주면 무우, 상상, 제이, 알알이의 줄넘기 횟수를 1번씩 더한 값은 346임을 알 수 있습니다.
→ 무우 × 2 + 상상 × 2 + 제이 × 2 + 알알 × 2 = 692
→ (무우 + 상상 + 제이 + 알알) × 2 = 346 × 2
→ 무우 + 상상 + 제이 + 알알 = 346

④ 네 명의 줄넘기 평균 횟수는 총 횟수의 합을 총 명수로 나누어 구합니다.
따라서 네 명의 줄넘기 평균 횟수는 346 ÷ 4 = 86.5회입니다. (정답)

창의적문제해결수학 02 P. 95

[정답] 42달러

[풀이 과정]

① 첫 번째 조건에서 무우, 상상, 제이, 알알이가 가진 돈의 평균이 41달러라고 했으므로 네 명이 가진 돈의 총합은 41 × 4 = 164달러 입니다.

② 두 번째 조건에서 상상이와 제이가 가진 돈의 평균은 무우가 가진 돈과 같다고 했으므로 무우가 가진 돈을 □라고 하면 상상이와 제이가 가진 돈의 합은 무우의 2배인 □ × 2입니다.
따라서 무우, 상상, 제이가 가진 돈의 합은 아래와 같습니다.
→ 무우 + (상상 + 제이) = □ + (□ × 2)
→ 무우 + 상상 + 제이 = □ × 3

③ 네 명이 가진 돈의 총합은 164달러이므로 무우, 상상, 제이가 가진 돈의 합 □ × 3과 세 번째 조건으로 주어진 알알이가 가진 돈 38달러를 더하면 164달러가 되어야 합니다.
이를 계산식으로 나타내면 다음과 같습니다.
→ (□ × 3) + 38 = 164 (양변에서 38을 뺍니다.)
→ □ × 3 = 126
→ □ = 42

④ 따라서 무우에게 남은 돈은 42달러 입니다. (정답)

MEMO

영재들의 수학여행
Math Travel

창의영재수학

아이앤아이

무한상상 카페 cafe.naver.com/creativeini

창의영재수학

아이앤아이

무한상상 교재 활용법

무한상상은 상상이 현실이 되는 차별화된 창의교육을 만들어갑니다.

아이앤아이 시리즈

특목고, 영재교육원 대비서

	아이앤아이 영재들의 수학여행		아이앤아이 꾸러미	아이앤아이 꾸러미 120제	아이앤아이 꾸러미 48제	아이앤아이 꾸러미 과학대회	창의력과학 아이앤아이 I&I
	수학 (단계별 영재교육)		수학, 과학	수학, 과학	수학, 과학	과학	과학
6세~초1	출시 예정	수, 연산, 도형, 측정, 규칙, 문제해결력, 워크북 (7권)					
초 1~3		수와 연산, 도형, 측정, 규칙, 자료와 가능성, 문제해결력, 워크북 (7권)		 수학, 과학 (2권)	 수학, 과학 (2권)		
초 3~5		수와 연산, 도형, 측정, 규칙, 자료와 가능성, 문제해결력 (6권)				 과학토론 대회, 과학산출물 대회, 발명품 대회 등 대회 출전 노하우	
초 4~6		수와 연산, 도형, 측정, 규칙, 자료와 가능성, 문제해결력 (6권)					
초 6	출시 예정	수와 연산, 도형, 측정, 규칙, 자료와 가능성, 문제해결력 (6권)		 수학, 과학 (2권)	 수학, 과학 (2권)		
중등						 과학토론 대회, 과학산출물 대회, 발명품 대회 등 대회 출전 노하우	 물리(상,하), 화학(상,하), 생명과학(상,하), 지구과학(상,하) (8권)
고등							